守望

中国林业出版社

江西省林业局 主编

白鹤 叶学龄 摄

鄱阳湖的守护者们

《守望》

编写委员会

编委会主任

邱水文

编委会副主任

罗 勤

编委

（按姓氏笔画为序）

万莉娟 刘小虎

刘 飒 李 军

肖昌友 沈明华

郭英荣 徐志文

聂 林 谢 琼

熊璐瑶

鄱阳湖
池晓虹
摄

# 前　言

江西省境群山环绕,形似簸箕,中间赣江携两侧抚河、信江、饶河和修河构成"五河",汇鄱湖通长江,形成了鄱湖候鸟和山间珍禽比翼双飞的良好生态环境,造就了"鄱湖鸟,知多少,飞时遮尽云和月,落下不见湖边草"年复一年、代代往复的盛大场景。古往今来,文人墨客赞美她留下了多少名篇佳句,湖区群众守护她演绎了许多动人故事。

3000年前,鄱阳湖平原上的新干大洋洲伏鸟双尾虎鼎,小鸟伏于虎背,栩栩如生,凝集了土著居民智慧、创造力和审美情趣。

2000多年前,西汉海昏侯使用的雁鱼灯,模仿鸿雁身姿,将燃烧的蜡烛烟雾顺着大雁长长的脖子,再绕道装满水的鼓鼓腹部排出,除烟去尘,这既是崇尚大雁美,也是先民环保之举。

1600多年前,东晋大诗人陶渊明隐居鄱阳湖畔的星子县,写下了"山气日夕佳、飞鸟相与还"的千古名句,好一派人鸟和谐的田园美景。

1300多年前的秋日,王勃乘船由鄱湖入赣江前往交趾省亲,看到了万千雁鸭一会儿空中飞舞、一会儿在草洲觅食,过南昌即兴创作了千古名诗《滕王阁序》,"落霞与孤鹜齐飞,秋水共长天一色。渔舟唱晚,响穷彭蠡之滨;雁阵惊寒,声断衡阳之浦"。

900多年前,北宋著名文学家、书法家黄庭坚坐船往返开封、大运河、长江、鄱阳湖、修河再到家乡修水县双井村月亮湾,一边品着双井绿茶,一边看到鄱湖鸟景创作了《舟子》,"平生未识州县路,鸥鸟蒹葭成四邻",展示了作者模仿鸟儿自由翱翔的处世独立精神。

300多年前,在鄱阳湖南岸的南昌青云谱隐居的八大山人,看到翠鸟时而在河边小树低枝栖息,时而扎入水中扑鱼游弋,写下了《题莲花翠鸟》,"侧闻双翠鸟,归飞翼已长,日日云无心,那得莲花上"。

曹洞宗,佛教禅宗南宗五家(五家七宗)之一,由于良价禅师在江西省宜春市宜丰县的洞山创宗,其弟子曹山本寂在宜黄吉水(今江西省抚州市宜黄县曹山)的曹山寺传禅,故后世称为曹洞宗,后道场在江西省九江市永修县云居山的真如禅寺。禅子就是一只鸟,举足下足,不沾一点,缥缈无着。曹洞始祖洞山良价曾提出"鸟道"论,这也是曹洞立宗的重要学说。良价将自己的学说概括为三点,即:"展手而学,鸟道而学,玄路而学。""玄路而学",重在以体证自性为本,曹洞宗说其门风"其位玄玄",意即道不在外,而在心悟。"鸟道而学",强调的则是空观,如鸟之行空,去留无迹,孤鸿灭没,无影无形。良价取鸟道为喻,即重鸟迹点高空、雁过不留痕的特点,参悟不断变化的事物规律,明心见性,洞见本质的能力。

与此同时,在江西尤其是鄱阳湖区,很多古代的宅子里常见"梅妻鹤子,与人相谐"的木雕;许多地名常以鹤雁命名,如星子县白鹿镇白鹤村、余干县梅港乡鹤源村、都昌县汪墩乡雁塘村、德安县蒲亭镇雁家湖村等。

这些鸟的诗文禅道和雕塑地名,是古代文人僧人追求鸟儿自由自在精神的折射,是鸟文化的集中体现,是赣人对美丽鸟类的慰藉和崇尚自然、贻富后人的心灵寄托,反映出鄱阳湖越冬候鸟与人类生产生活息息相关。

一方水土一方人,如今鄱阳湖区群众初心不改,在沿袭古人对鸟类深深眷恋的基础上,结合时代之需融入新的更加动人、可歌可泣的爱鸟护鸟痴鸟等元素。

鄱阳湖北岸都昌县多宝乡李春如,从给人治病转到给鸟看病,37年如一日,在自己创办的"中国鄱阳湖候鸟救治医院"担任院长、医生、护工、救治受伤落单候鸟上千只，还写下了脍炙人口的"暖暖晴风剪柳丝，天鹅白鹤泛歌时，多情鸿雁殷勤问，春到梅花第几枝"等数百首诗句。鄱阳湖西岸柴桑区港口街镇东湖护鸟队队长李洪宝，在护鸟岗位上一干就是20多年，近70岁的他说："只要我身体条件允许，护鸟工作就会一直干下去。"共青城帅道银老汉，日夜守在鄱阳湖，白天太阳晒，晚上蚊虫叮，只为南湖5万亩湿地时时有鸟鸣、处处见鸟飞。这3位农民，用淳朴的内心和不知疲倦的双脚行走在鄱阳湖岸边。

鄱阳湖国家级自然保护区吴城保护管理站王小龙，候鸟守护者，退伍36年来，与越冬候鸟保持同样的"日出而飞，日落而栖"节律，每年候鸟从遥远的北方来探亲，翌年又带着无限的思念与牵挂飞往繁殖地的第一张照片、第一则新闻，都出自他那能听到针尖落地的"顺风耳"和能拨开云朵见鸟翔的"千里眼"。大学毕业的年轻姑娘邹进莲，放弃国企高薪，只身来到鄱阳湖国家湿地公园和艾溪湖湿地公园护鸟驯鸟，一干就是10年。名为"小白"的天鹅，同她早出晚归、同吃同住、不离左右，"两人"还能语言交流。邹女士长得脖子细长、腿修长，人们亲切地称她为"鹤姑娘"。这些保护工作者，抛家舍业、吃住湖区，坚守爱鸟护鸟的工作职责。

鸟类照片和视频是野生动物里最富动感和生机的，但鸟类也是最难相处的拍摄对象之一，要拍摄它们"翩翩起舞、水上低飞、嗷嗷待哺、激情吐授"等光影和谐的旋律，需要摄影师的忍耐、责任和把握，需要摄影师的情感、智慧和梦境，需要摄影师与时间赛跑、与光圈同步。江西电视台跟踪拍摄白鹤15年的郑忠杰、把白鹤当亲人的周海燕两位老师，放弃省城优越工作环境，迷恋上了野外鸟类摄影，越是三九严寒，他们越要往鄱阳湖泥潭行进，将自己埋藏在沙地里，任凭霜雪击脸、寒风刺骨，几小时甚至一整天，只为守候候鸟盘旋云集瞬间画面。与此同时，郑先生学会了用眼神同白鹤交流，拍摄到了数以千计的白鹤近景照片；周海燕女士通过众筹成立国内首个民间白鹤保护地——五星白鹤保护小区，在冰雪无情、白鹤家庭和恋人最缺食物等无助的关键时刻，开放藕田、播撒玉米，解白鹤饥寒交迫之急，书写了白鹤与她两个家庭间跨越时空、跨越物种的亲情友谊。

上述护鸟爱鸟歌颂鸟赞美鸟的故事在鄱阳湖区几乎处处在发生、时时在上演。

鄱阳湖，江西的"母亲湖"，中国第一大淡水湖，她那与生俱来"水天一线、蓼子花开，渔歌唱晚、候鸟低飞"犹如南国草原入画来美轮美奂，她那世界上绝无仅有叹为观止的"天鹅湖""白鹤长城"胜似天降祥瑞。在"2019鄱阳湖国际观鸟周"即将到来之际，我们深入湖区，聆听爱鸟护鸟摄鸟人的点点滴滴，深入他们的内心世界，觉察到了赣鄱生态文明与深厚的鸟、湿地等文化的内在联系，汇编整理成《守望》。该书旨在将美好的故事传递给读者：鄱阳湖每只鸟的自由翱翔，都有湖区群众和保护区职工在无私默默护航，每张精美画面，都有艺术工作者在潜心守候，进而相邀读者并身边人及至更多力量保护好这一湖清水，永远留下这4000只省鸟白鹤，把江西打造成为永不落幕的国际观鸟胜地。

湖纳千山水，鹤卷万里云，君心随鸟舞，爱铸赣鄱魂。这是鄱阳湖区群众亘古不变的爱鸟初心，更是当代4600万赣鄱儿女护鸟的历史使命。

编委会

2019年9月

刚出壳的小白鹤
郑忠杰
摄

白鹤
叶学龄
摄

108 白鹤的中国妈妈 ○ 郭英荣 刘飒
122 南矶的守候 ○ 洪忠佩
134 与鹤同行十八载 ○ 洪忠佩
142 与鸟结缘 ○ 谢琼
154 鄱阳湖二题 ○ 李培禹

三 守护家园

168 往事与回归 ○ 洪忠佩
182 护鸟者说 ○ 洪忠佩
194 护鸟天地间 ○ 傅菲
206 天鹅来到落脚湖 ○ 傅菲
216 鸟 恋 ○ 傅菲 熊璐瑶
228 湿地之心 ○ 罗张琴

# 目录

## 一 诗意鄱湖

020 长岭雁来 ○ 李迪

028 鄱阳湖的盛景 ○ 傅菲

038 鹭鸟的天堂 ○ 傅菲

050 白鹤 ○ 傅菲

062 与鸟的盟约 ○ 傅菲

## 二 与鸟同行

072 候鸟日记 ○ 傅菲

088 廖国良用镜头讲述江西生态故事 ○ 宋雅倩

094 驻足凝望 ○ 德安县林业局

100 白鹤似亲 ○ 舒国雷

0 1 8

一 诗意鄱湖

# 长岭雁来

李迪

这个故事发生在美丽的鄱阳湖畔。

鄱阳湖，中国第一大淡水湖，当地人管它叫海。四千多平方公里的水面，一望无际，烟波浩渺。碧水环绕的四十一个岛屿和七个自然保护区，使其成为世界著名的候鸟天堂。越冬时节，万鸟欢聚，飞起遮日月，落地不见草。

湖畔有个长岭村，绿荫似盖，青瓦如鳞，人间四月天。

村民沈红卫、邹玉莲夫妻，心眼儿活又肯吃苦，用自家的责任田和柴山，跟当地人换了一块荒地。良田换荒地，以少换多。多多少？哎哟喂，连地面带水面，两百六十多亩！这块沿湖的荒地，靠近刘家垅水库，山丘沟壑，蒿草丛生。夫妻俩起早贪黑，挥汗如雨，两双手来两把锄，硬是把荒地变成水田和果园，山上种桃李，田里栽稻禾，又挖了鱼塘，建了禽舍，养鱼外带鸡鸭鹅，创办起一个生态家庭农场。

每天一早一晚，玉莲拎着稻谷来到池塘边，嘴里叫着，咕咕，喔喔！四处嬉戏的公鸡母鸡就你追我赶凑上前。她又叫，鹅哩，鹅哩！鸭和鹅就扑棱着翅膀飞上岸，不由分说来赴宴。

鸡鸭鹅，乐呵呵；夫妻俩，笑开花。

2017年正月初七，玉莲一早起来喂稻谷，忽然发现抢食的鸡群里多了一只"大家伙"！起先，她还以为是自家的鹅，定睛再看，不对，这"大家伙"黑嘴褐羽，黑头白脖，跟自家的鹅完全两样儿。不是自家的，它却不认生，大嘴二嘴地吃起来，不管也不顾。

红卫闻讯赶来，也看着新鲜。哎哟喂，这是谁家的鹅跑出来了？

玉莲说，我瞅着不像鹅呀？

红卫说，像不像，三分样，不是鸡鸭就是鹅！你瞅它饿的，就让它吃吧，不缺它的口粮。回头谁家来找了，就让他们带回去。

这"大家伙"仿佛听懂了红卫的话，心安理得吃个肚歪，打个饱嗝儿，下水消化去了。

踏浪欢歌
叶学龄 摄

就这样,一天两天,十天半月,没等到谁家来认领,却只见,扑啦啦,从天上又飞来一只。一模一样,大模大样,落进池塘就撒起欢儿。

从此后,两个"大家伙"日出而飞,日落而息,如入无人之境。

家里突然添丁多口,鸭不是鸭,鹅不像鹅。红卫认真起来,就请行家来辨认。行家离老远就叫起来,这哪儿是鹅呀,这是大雁!

啊?夫妻俩又惊又喜,大张的嘴巴合不拢。

专家说,雁分好几种,在咱们鄱阳湖过冬的就有黑雁、灰雁、豆雁、斑头雁、鸿雁。这两位来客,就是鸿雁。别看它们成双成对儿,可都是母雁。姊妹花儿啊!

说着,专家就唱起来——

鸿雁向南方

飞过芦苇荡

天苍茫

雁何往

心中是北方家乡……

这支出名的歌,红卫也会唱,歌名就叫《鸿雁》。

会唱归会唱,喜欢归喜欢,可鸿雁不请自到,可把红卫忙坏了。为啥?因为专家对他说啦,鸿雁已列入濒危物种名录,在全世界都受到保护。它们原本是来鄱阳湖过冬的，开春就飞到北方去。现在忽然选择在长岭安家，说明这儿草丰、水美、人好。你千万要保护好它们，不能有半点儿闪失。它们想留就留，要走就走，来去自由。在长岭一天，你就要负责一天！

红卫一下子忙起来，忙得寝食难安。白天要看好喂好，晚上还爬起来，打着灯到处查看，生怕草里有蛇或其他什么动物伤了鸿雁。稍有空儿，就打开手机上网，寻找鸿雁的词条，看它们有什么习性，看它们爱吃什么。哦，爱吃草，还爱吃小虾小蟹，这些岸上水里都不缺。再说还有稻谷呢，饿不着它们；哦，觅食多在傍晚和夜间，清晨才返回水中休息或游泳，有时也在草地上休息。好吧，有我在，你们想觅食就觅食，想休息就休息，保证安全。

当然了，更多时间，红卫都守在岸边观察这两只鸿雁。它们一天到晚吃草吃得好厉害啊，田里一有小草就吃光，赶上除草机了。农场里还养了一公一母两只鹅，最初，两只鸿雁在池塘里与鹅离了一丈多远，不敢接近。个把星期后，就慢慢融洽了，玩到一块儿去了。你言我语，你喊我叫。后来，玉莲提着稻谷来到塘边，只要一喊，鹅哩，鹅哩！两只鸿雁就和鹅一起上岸来吃。稻谷不用去皮，直接喂，它们就直接吃。吧嗒吧嗒，吃得可香呢。再到后来，两只鸿雁吃惯了，早上不给稻谷就不下水，吃好了才下水。下午四点前后，它们又上岸来要吃的。玉莲说，吃吧，管够！

转眼到了八月。有一天，两只鸿雁突然从池塘里飞起来，飞得很高很高。从红卫家门前飞过，一直飞到山那边，瞬间无影无踪了。

没有告别，就这样匆匆离去了。想到与它们的朝夕相处，望着空荡荡的天际，红卫忍不住流下了泪。它们还会回来吗？

听说鸿雁飞走了，玉莲也急忙从家里出来，啊，它们就这样飞走了？连晚饭都没有吃！路上会不会饿呢？它们到哪儿去找吃的啊？

想不到，就在夫妻俩难过的时候，两只鸿雁又飞了回来。

它们在天空盘旋了几圈儿,又落进水塘里,嘎嘎地叫着。好像说,我们回来了,我们舍不得离开你们!

夫妻俩喜极而泣。

一切又照常了。

咕咕,喔喔!鹅哩,鹅哩!

鸡鸭鹅雁热闹成一大家。

这天,邻居老黄来了,想买走那只母鹅,要给他家的公鹅做伴儿。你家不是还有两只母雁吗?老黄说。

红卫两手一摊,鹅是鹅,雁是雁,两码事啊!

但是,他禁不住老黄死缠烂打。好吧,鹅我不卖,你先抱走吧。等你家公鹅过了劲儿再抱回来。

母鹅被抱走了。

剩下孤单的公鹅与两只鸿雁相依为命。

本来鹅是不会飞的,可它看见两只鸿雁飞来飞去,不由得心痒,也跟着学。还别说,学着学着,还真飞起来了。只不过,飞不太远,也飞不太高。

玉莲说,哎哟,长本事了!

红卫说,长岭尽出新鲜事!

可是,夫妻俩还没高兴够呢,这天就出了事。

下午,两只鸿雁突然飞起来,公鹅也跟着飞起来。这回,它不但飞得高,而且飞得远,直到天黑都没回来。夫妻俩急了,跑到山上到处找。当他们一无所获回到家时,发现两只鸿雁早已回到了池塘。可是,公鹅没有回来。公鹅哪儿去了?

这一夜,夫妻俩都没睡。几次好像听到公鹅叫,爬起来就往门外跑。

没有月亮,也没有星星,天黑如墨。

公鹅在哪里?

第二天一早,夫妻俩顾不得喂稻谷,又分头去找。

天呀,在高压线下,红卫发现了公鹅。它紧闭着双眼,早已僵硬成石头。它飞呀飞呀,飞不动了,落在高压线上,

须浮鸥
周海燕
摄

没站稳，从上面摔下来了。

在池塘边的草丛里，夫妻俩哭着掩埋了他们的心爱。

你没有离开我们，玉莲说，当我喊你吃饭的时候，你能听得见。

这时候，有一个人悄悄地来到了池塘边，怀里抱着两只鹅，一公一母。这是邻居老黄。

老黄放下两只鹅，悄悄地来，又悄悄地走了。

春暖花开了。

两只懂事的鸿雁都生了蛋。

让红卫夫妻俩没想到的是，鸿雁不仅生了蛋，还孵出了孩子！

这是跟公鹅的孩子。毛茸茸，天真又可爱。

这可真是奇迹呀！

玉莲数了一遍又一遍，到底也没数清有多少只。

红卫对这些小宝宝说，你们到底是雁呀还是鹅？

小宝宝们叽叽喳喳。好像说，我们不是雁，也不是鹅。

长岭雁来

红卫笑开了，那我以后就叫你们雁鹅吧！

小宝宝们又一阵叽叽喳喳，好啊，好啊，我们就是小雁鹅！

鸿雁不像母鸡，一天生一个蛋。它们今天生一个，也许后天再生一个。一生下来就用草盖住，不让人发现。生得差不多了，鸿雁就孵起来。孵累了，要吃要喝了，公鹅就去替换。

更有意思的是，老母鸡居然也帮上了忙，把鸿雁生的蛋抱在翅膀下，来回翻动着孵，一次能孵十多个。小雁鹅破壳出头了，老母鸡咕咕咕地当成自己的孩子养。小雁鹅能吃能喝，长得很快，马上就出落得不像小鸡了。老母鸡仍旧不弃不离，咕咕咕地带着到处跑。忽然有一天，小雁鹅下水了，老母鸡吓得惊慌失措。这时，鸿雁拍着翅膀赶来，带着小雁鹅在水里学游泳。哦，来了游泳教练，老母鸡这才安心了。

有两只鸿雁在长岭安家了！春风把喜讯传遍四方。报社记者来了，十里八村的乡亲来了，摄影爱好者来了，爱鸟护鸟的志愿者也来了。两只鸿雁成了"网红"，喜气洋洋地迎接八方来客。

有记者问夫妻俩，以后你们会卖雁鹅吗？

红卫连连摇头，不卖，不卖！人鸟共家园，同在蓝天下。这是我们长岭的传奇，也是鄱阳湖的传奇。到了九月，小雁鹅就会有一百多只啦，我要让它们的妈妈带着它们，飞遍鄱阳湖，去看一看青山绿水，去迎接2019鄱阳湖国际观鸟节！

# 鄱阳湖的盛景

傅 菲

无边的青色草浪，在低风起伏。草是竹节草和黑麦草，簇拥着翻卷。晌午后的微雨，也是青黛色。我站在草浪中间远眺，不远的地平线下，是茫茫的湖水，和追逐风筝的人。远处的岛屿，像隐现在烟雨之中的帆船。这里是初夏的香油洲——鄱阳湖最大的草洲，有近200平方公里。再过两个月，这里将一片汪洋，草洲消失，被日渐上涨的湖水，完全浸吞。水下的草甸将成为鱼类觅食的殿堂，欢度漫长的庆典。

大自然的鬼斧神工，造就了鄱阳湖。在中生代，受燕山运动的影响，地质下陷，形成古赣江下游河谷盆地。在万年前，最近一次亚冰期结束，断块上升的"庐山"耸峙盆地之缘，盆地变成泱泱大湖。因湖与鄱阳山（注：鄱阳山现已不可考）相接，湖取山名，遂名鄱阳湖，古称彭蠡、彭蠡泽、彭泽，是中国最大的淡水湖，也是仅次于青海湖的第二大湖泊，位于江西北部，当湖水位22.59米时，湖泊面积为4070平方公里，南北长173公里，湖岸线长约1200公里，湖中岛屿41个，面积103平方公里。赣江、抚河、信江、饶河、修河五条粗壮虬曲的动脉，盘踞在江西大地，养育着世世代代的子民。最终，这五大水系注入鄱阳湖，与长江相通。

鄱阳湖是亚洲最大的冬候鸟越冬天堂，也是世界上最大的鸟类保护区，被誉为"候鸟的王国"。冬候鸟在鄱阳湖越冬的繁盛景象饮誉世界。

仲秋时节，第一批越冬的候鸟来了，有豆雁、鸿雁、白额雁和白琵鹭，它们迎着烈日，扇着疲惫的翅膀，来到鄱阳湖迎接严冬。来的第一批候鸟，三两只一群，在浩渺的湖上，显得孤单落寞。但它们生活得多么愉快，嘎嘎嘎叫欢叫。它们开始衔枯草干枝，筑爱巢。候鸟乘坐风的船只，布满湖滩。

严寒来了，冬雪越盛，千百万只、百余类冬候鸟，从西伯利亚，从西太平洋，从北冰洋，飞越千万里，来到鄱阳湖越冬。小天鹅摇着风扇一样的翅膀来了；斑嘴鹕鹕在湖畔踱步，像一群乡贤，羽扇纶巾；白鹳、灰鹳、黑鹳来了；乌雕、

湿地之美·白鹭
雷小勇 摄

凤头鹰、苍鹰、雀鹰、白尾鹞、草原鹞、白头鹞、红脚隼、灰背游隼、黑冠鹃隼、燕隼来了；小杓鹬、小鸦鹃、斑嘴鸭、白琵鹭、花田鸡、大鸨、黑翅鸢、凤头鹛鹛、蓝翅八色鸫、斑鸫等，它们扯着哗啦啦的寒风，都一起来了。这里有它们丰盛的食物，有它们安全静谧的生活环境。

冬候鸟在这里筑巢、孵卵，繁衍后代，享受冬季的阳光和美食。初春，它们北迁。三月之末，暮春的湖水变得温暖，群鱼逐草，开始孵卵。这个时节，最后一批北迁的冬候鸟和第一批落户的夏候鸟开始"换岗"。冬候鸟赤麻鸭、小天鹅、斑嘴鸭等和夏候鸟苍鹭、赤腹鹰等混杂一起，云集湖面，彼此穿梭其间，游水嬉戏，一派和谐团簇景象。夏候鸟在岛屿或湖边的丛林里，开始筑巢。在樟树上，在洋槐树上，在农

家屋顶上,在岩崖的石缝里,在香枫树的树洞里,在芦苇荡里,鸟繁忙地筑巢。冬候鸟如天鹅、大雁、野鸭,带着它们新春养育的儿女,万只成群,追逐落日,一天一天消失。

　　候鸟爱极了鄱阳湖的湖滩和草洲,爱极了鄱阳湖的温暖湿润气候。湖滩是由于秋冬季雨量较少,鄱阳湖水位下降,露出千余平方公里的湖滩。湖滩有广袤肥厚的淤泥,和星罗棋布的洼湖。淤泥里有螺蛳、湖蚌、泥鳅、黄鳝、蛙、水蛇、石龙子;洼湖里有鱼。鱼在洼湖里,游得多么畅快,漾起的水波如花纹。水荡声是大地之音,似乎被万里之遥的鸟儿听到了。鸟儿仿佛听见中国的南方在召唤:鄱阳湖多么肥美啊,多么适合安居啊。这些水中生灵,都是候鸟的挚爱。

略高处的湖滩长出了油麦草和竹节草,成了草洲。草洲一望无际。草叶上的蜗牛和昆虫,都是鸟类的美食。草丛更是鸟类筑巢的理想地。

没有广袤的湖滩和草洲,便不会有候鸟的家园。然而,这里的候鸟的家园,曾遭到大面积的破坏,草洲的破坏最为严重。有洲无草,使得"鸟的王国"很少有鸟。

在20年前,草洲不见草。鄱阳湖平原的乡民烧土灶,草是他们的柴火。割枯草过冬,是乡民最重要的事。草洲分割成一块块,分到每一个村民小组。割枯草了,几十里外的乡民开着机帆船,停在湖边,上草洲割草。他们带上粮油,搭临时住宿的草房,割十天半个月,草搦了满满一船,再回家。草料于乡民而言,和粮食同等重要。

蓝矶鸫
周海燕
摄

冬季的香油洲,每天有上千人割草。他们把割下的草,用草绳绑成捆。草捆堆放在草房旁。陪我一起来香油洲观鸟的余晓,是当地人。他说:我七八岁的时候,随父亲走十几里路,到了湖边,再坐船小半天,到香油洲割草,带着铁锅饭盒,从早上割到傍晚,割了一天下来,腰都直不起来,全身酸痛,冒着冷风,茫茫草甸,看起来就让人害怕。草割完了,也到了年关。草洲成了荒凉的荒滩,也没有候鸟来。鸟是多么机灵的生灵,警惕着人。初春,草发了幼芽,湖边人家把牛羊赶了进来。草长一拃,牛羊也啃食了一拃,草始终长不起来。牛脚窝叠着牛脚窝,草滩成了烂泥坑。

鄱阳湖区为了彻底解决草料作燃料的问题,实施了液化气入户工程,家家户户用上了液化气。液化气进户之后,无人割枯草了。候鸟来了,却有了很多偷盗围猎的人,在草洲张网,延绵几华里,鸟飞着飞着,跌入网里,任凭怎么挣扎,也无济于事,网丝裹住了翅膀。有人在湖滩下毒,把死鱼扔在草地,候鸟吃了,当场死亡。吃鸟,成了一阵可恶的餐桌败风陋习。高额的经济利润,让少数不法分子铤而走险。湖区成立护鸟执法队,广大的志愿者参入护鸟,收缴鸟网、气枪、弹弓,严厉打击捕鸟、毒鸟、贩卖鸟、吃鸟等违法违纪行为,还鸟一个清净安全的家园。十几年前,鄱阳湖所有的草洲严禁放养牛羊,破坏生草,严禁毒鱼电鱼。

草茂盛了,鱼虾多了。当我站在一望无际的香油洲,心灵无比震撼。芦苇还是一半枯黄一半泛青,低地苇莺低低地叫,嘀嗟嘀嗟,上百只围成群,往芦苇丛里合拢。它们叫得急促,欢快。麻雀呼来呼去,飞出抛物线。诗人石立新望着草洲里的洼湖,对我说:"水里都是鱼虾,草叶上都是蜗牛昆虫,那么丰沛的食物,鸟类怎么不会爱上这里?这里是鸟类最美好的家园。"

夏候鸟在鄱阳湖度夏,如同冬季一样,壮丽、热烈、美轮美奂。

初夏的湖水煦暖,几十万只夏季候鸟来了。暖阳之下,鸟成了湖面上的主人。它们在咕咕地鸣叫,颤动着翅膀自由地飞翔。寿带来了,四声杜鹃来了,黑冠鹃隼来了,暗灰鹃鵙来了,金腰燕来了,蓝翡翠来了,黑卷尾来了,黑枕黄鹂来了,红尾伯劳来了。鹭科鸟是鄱阳湖最多的夏候鸟了,有夜鹭、牛背鹭、苍鹭、白鹭、大白鹭、中白鹭、小白鹭、黑鹭、小蓝鹭、大蓝鹭、黑冠白颈鹭、巨鹭、马岛鹭、白腹鹭、栗腹鹭、白颈鹭、草鹭、大嘴鹭、黄嘴白鹭、斑鹭、岩鹭、棕颈鹭、雪鹭、三色鹭、蓝灰鹭、白脸鹭、礁鹭、池鹭、绿鹭、乌灰鹭等。鹭是夏季南方常见的鸟,体大,飞翔姿势优美,叫声洪亮,栖息于高枝之上。几十只上百只鹭,栖于一棵大樟树,满树白,

红嘴蓝鹊
周海燕 摄

水雉
周海燕 摄

也为常见。在湖岛上,古树茂密的村子,有时会出现上万只鹭栖息。

在鱼塘,在小湿地,在山塘,在秧田,常见鹭鸟,吃泥鳅,吃鱼虾,吃田螺,吃蚌壳,吃青蛙。它们优雅,闲情逸致。

在岛屿上,常常出现这样有趣的现象,岩石山上,南坡的树上栖息着上千只白鹭,北坡的岩崖栖息着上千只岩鹭,互不干扰。小白鹭是最易受伤的鹭鸟,因体型较小,全身雪白,在湿地或秧田里觅食,很容易被乌雕或游隼发现,成为猎杀对象。乌雕和游隼都是鸟中捕猎之王,用铁钩一样的爪,插入小白鹭的胸部,抓起身子飞进树林或岩石上啄食。

"当大自然造就蓝鸲时,她希望安抚大地与蓝天,于是便赋予他的背以蓝天之彩、他的胸以大地之色调,并且威严地规定:蓝鸲在春天的出现意味着天地之间的纠纷与争战到此结束。蓝鸲是和平的先驱;在他的身上体现出上苍与大地的握手言欢与忠诚的友谊……"美国自然文学作家约翰·巴勒斯在其著作《醒来的森林》第七章《蓝鸲》这样开篇。对于鄱阳湖而言,把"蓝鸲"转换为"鹭鸟",同样贴切。它们筑巢在房前屋后的大树上,或菜园边的芦苇里,和插秧的乡民站在同一块水田里,和牧童一样在牛背休息。它们是鄱阳湖上最亲密的来客。

鄱阳湖成了候鸟的美丽王国,吸引了全世界的艳羡眼光。

鸟类专家来了,美国的,日本的,俄罗斯的,瑞士的……

观鸟爱好者来了,法国的,韩国的,德国的,挪威的……

摄影家来了,英国的,澳大利亚的,意大利的,以色列的……

鄱阳湖是鸟类专家、摄影家的圣地。大批的画家也来到湖畔写生:叼起鳊鱼的鹚鹏,在水上跳起芭蕾舞的白鹳情侣,晨曦中翩翩而飞的群鸟,躲在草甸中的护鸟人,挂在芦苇上的鸟窝……

被誉为"亚洲大地之肾"的鄱阳湖,再一次焕发出生机。

我的一位摄影家朋友吕先生,每年的冬季和初夏,都在鄱阳湖边度过。他有一辆皮卡车，装上满满四大袋摄影器材和帐篷，过着随鸟"流浪"的生活。他吃住都在帐篷里，在摄影镜头前，蹲下去就是半天，蹲得腿脚发酸。吃泡面，吃馒头，一整天不说话（无人和他说话），但他乐此不疲，拍候鸟，已拍了十余年，从壮年拍到了自己两鬓斑白。他说，只要看见鸟，他就激动——他无法不激动，每一种鸟，都有无与伦比的美，每一只鸟都是天使。他还积极地办影展，以鸟为主题，他不为别的，只为唤起人对鸟的热爱，对大自然的爱。他说，人如果没有对大自然的爱，就无法继续生存。

在初夏的鄱阳湖上，我畅游七天。在余干县康山垦殖场，坐小客轮，清晨上船出发，晚上下船进乡镇小旅馆入住。早中晚三餐在船上吃，菜只有两种：青菜和鱼。每餐吃不同的鱼。终点在鄱阳县城。在客轮上，面对茫茫的湖面，我竟然毫无方向感。湖水在船下汹涌，湖面像滚轴上的皮带，不断被抽往身后。太阳初升，湖水彤红。旭日从遥远的湖面漾上来，漾上来，像一朵灿烂的金盏花。一天之中，最美的光景是夕阳将沉时。风从湖上掠过来，一阵阵，掠过脸颊，凉凉的。夕光映照出的晚霞，扑撒在天边，似炽火烧烈的灶膛。湖面也铺满了霞色，无边无际地荡漾。远处的湖岛，显得黧黑深沉，如停泊下来的邮轮，鸣笛声已消弭于水浪。夕归的鸟儿一群群，从船上飞过，驮着最后一缕明色的天光。夕阳最后下沉，如一块烧红的圆铁，淬如湖水，冒出嗤嗤嗤嗤的水蒸气——晚雾开始在湖上笼罩，薄薄的一层，稀稀萦绕。太阳彤红地升起，浑圆，壮阔，映衬着无边的湖光，鸟群遮蔽了天空，浪涛如雷。鸟声此起彼伏，像音乐的海洋，让人激动。

酢浆草的盛花，已经缀满了草洲的荒坡。姜花更白，菖蒲花更黄。玉蝉花绽放出四片耳朵状的花瓣。草洲一片郁郁葱葱，黑麦草油油发亮，有半腰高，无边无际，如绿海。草洲内洼湖众多，大小不一，汪汪的水面映着草影，莺飞鱼跃。

那一只只鸟，就像一团团白色的火焰，在燃烧。

凤头䴙䴘
周海燕 摄

最让我动情的，是今年在鄱阳县的东湖边，听到了动人的鄱阳湖渔歌：

小小月亮圆阁阁

照见我郎往前走

东边一条路

西边一条路

中间大路通往南门口

同心郎儿你

有心郎儿你

坐在家中

我待候多时候

鄱阳湖边的人，是离不开渔歌的。如鸟儿离不开鄱阳湖。鄱阳湖的渔歌和渔鼓，是民间艺术的瑰宝。

划着船，喝一碗烧酒，看着成群结队的候鸟，唱渔歌，更带味儿，更浪漫。这是鄱阳湖渔歌传唱人龙哥说的。他是我在鄱阳县结识的新朋友。他六十来岁，是个"鸟"迷，照相机背包不离身，拍摄鄱阳湖二十余年，即使是暴雨或冰天雪地，他也躲在湖岛上"候"鸟。他喝大口酒下去，清清嗓子，唱起了渔歌。他用手打着节拍，脸上露出粲然的笑容，倾情投入歌的情境。他用鄱阳湖平原的方言唱，婉转，略带沙哑。可惜我听不懂。龙哥说：用方言唱，才叫美。"鄱阳湖的鱼，鄱阳湖的鸟，鄱阳湖的渔歌和渔鼓，是鄱阳湖的镇湖之宝，都是世界级的。"龙哥又说："夏季的候鸟已经来了，有树的地方都有鸟，有水的地方都有鸟，鸟是最美的精灵。"

听渔歌，观候鸟，怎么会不醉人呢？

初夏也是湖汛时节，暴雨普降。暴雨雨线垂直向下，雨珠浑圆透亮，如抛撒，噼噼啪啪，如玉珠倒落铁盆。湖水泱泱，变得混白色，风掀起巨浪。赣江、抚河、信江、饶河、修河等水系，把赣地的雨水，悉数灌入了鄱阳湖。湖水上涨，草洲慢慢被湖水吞没。到了七月，草洲完全沉没于湖水，草慢慢腐烂，变为鱼类最佳的营养物。那时，夏候鸟逐日离开鄱阳湖，回到它们自己的故乡。

四季在轮替，候鸟来了又走，走了又来。候鸟是大地上另一种节气的表现形式。草青草黄。雨季来，湖水上涨，草洲渐渐沉入湖中。又一年的夏天来临，几十万只的夏候鸟，再一次光临美丽的鄱阳湖。鸟一代一代繁殖，江河永远年轻。大地生命的辉煌律动，是鄱阳湖永恒的舞曲。

# 鹭鸟的天堂

傅 菲

杜甫一生历经漂泊，关心民间疾苦，诗作多为沉郁顿挫，鲜有清新明媚之作。公元763年，安史之乱得以平定，杜甫回到成都草堂，春风扶摇，翠柳依依，黄鹂啼鸣，白鹭斜飞，信笔落墨："两个黄鹂鸣翠柳，一行白鹭上青天。窗含西岭千秋雪，门泊东吴万里船。"他喜不自胜。

鸟的舞姿，鸟的啼鸣，都是天籁之美，给人喜悦。

在1256年之后，我重读这首《绝句》时，作为一个土生土长的南方人，我又获得了自然学知识：柳树吐绿时，白鹭迁徙到了南方；白鹭以家族式群居生活。我不知道，假如杜甫看见20余万只白鹭栖息在一片树林里，他又会写出什么样的诗句？

那是多么壮观，谁也无法想象那种万鸟归巢的场面。

南昌西北郊的新建区象山镇，有一个8000亩林场，叫象山森林公园，每年3月初，便有白鹭遮天蔽日，迁徙而来，筑巢、孵卵、育雏，在这里无忧无虑生活。

象山镇毗邻鄱阳湖，地势平缓，属于丘陵和湿地交杂地带。在20世纪中期之前，这里饱受鄱阳湖水患。每当雨季来临，雨水冲刷丘陵的黄土，毁坏粮田。可到了夏天，降雨量减少，因水源不足使得灌溉困难，荒地日渐开始沙化。1964年至1966年，象山人在永丰村、大喜村、槎溪村的丘陵地带，种植杉树4000亩，涵养水土。1972年至1973年，又造杉树林4000亩，有了连片的林场。20世纪80年代初期，国家实行了包产到户的政策，象山林场因地制宜，实行了"山林所有权归属当地农户，山林使用权归属林场"的改革，从体制上，确保了杉树林不被砍伐毁坏，并改造针阔混交林1600亩，修建面积100亩的鹭湖，建山塘8座。1993年，象山林场成立了省级森林公园。

杉苗经20年，可成参天大树。湖滨，虾螺丰富。鹭鸟是高枝筑巢鹳形目鹭科鸟类，在20世纪80年代，鹭鸟开始来到象山，一年比一年多，栖满了树梢，在1989至1993年，

白鹭
叶学龄
摄

达到繁盛时期，据鸟类观察家检测，最多时，达60万羽，计12种类。自从鹭鸟来象山之后，有一个人再也没有离开过这片森林，守护着这群鸟。这个人，叫熊信明。

熊信明，1962年生，象山镇人，1979年应征去了部队，1984年，他转业到象山林场工作。熊信明圆脸，魁梧结实，寡言，眼神温和。他是一个厚道的人。2003年，他当了林业站站长。

鹭鸟是涉禽，常见的鹭鸟有大白鹭、中白鹭、小白鹭、黄嘴白鹭、岩鹭、夜鹭、草鹭、池鹭等。鹭鸟去沼泽地、湖泊、潮湿的森林和其他湿地环境，捕食浅水中的小鱼，两栖类、爬虫类、哺乳动物和甲壳动物。春天，正是稻田里秧苗旺长的季节，几十万鹭鸟落在稻田觅食，把秧苗踩烂，影响稻子收成，鸟成了秧灾。因此，极少数农民讨厌鹭鸟。他们开始在稻田里下毒。下一次毒，死十几只鹭鸟。死一次，第二年，鹭鸟少来一群。

熊信明是个有心人，鹭鸟什么时间来，什么时间筑巢，什么时间孵卵，什么时间离巢，什么时间离开象山，他每年都有记录。

惊蛰，古称"启蛰"，是二十四节气中的第三个节气，干支历卯月的起始；太阳到达黄经345度时。农谚说：惊蛰麦直，蛇虫百脚开食，三麦拔节，毛桃爆芽，杂草返青，百虫苏醒开食，开始有雷声和蛙鸣。《月令七十二候集解》："二月节……万物出乎震，震为雷，故曰惊蛰，是蛰虫惊而出走矣。"李善在注引《吕氏春秋》时说：闻春始雷，则蛰虫动矣。从这一天开始，气温上升，土地解冻，南方地区进入春耕季节。桃花开，鱼虾肥。惊蛰的第三天，第一批鹭鸟来了，呼呼呼，驾着东南风，乌云一样盖过来。满天空都是呱呱呱的鹭叫声。鹭鸟飞到了象山森林公园，便一直在森林上空盘旋，呱呱叫。这是一片郁郁葱葱的开阔树林，平缓的林面像轻微起伏的湖泊，墨绿色，散发出杉油脂浓郁的芳香。

这一切，从万里之遥而来的鹭鸟熟悉。树林的颜色，树林的气味，树林的形状，网纹一样，烙印在鹭鸟的大脑里。鹭鸟有关节气的记忆，与生俱来。第一批鸟来，它们并不急于在树林里过夜，也不急于选择林地。它们在杉林上空盘旋，在林子里面来回飞，起起落落，在树上跳来跳去，拍打着翅膀，亮开嗓子叫。在象山森林公园飞了两天，鹭鸟最终确认，树林没有毁坏，林子里没有网，开始过第一夜。鹭鸟似乎在说：这片林子，和去年的林子一样，适合安居，食物丰富，平安生活。

来的第一批鸟，至少万只。它们找到了去年筑巢的那棵树，那棵树依然冲冠而上，蓬松婆娑，开叉的枝桠。大部分的鹭鸟，都是在这里出生的，甚至上溯十几代，都在这片林子出生。这是它们的故园，是它们在遥远他乡日思夜想的母土。这里有它们的食物，有它们的天空，有它们的壮阔的湖滨。

最后一批来到象山森林公园的鹭鸟，是惊蛰之后的第六日。十几万二十万只的鹭鸟，在接近7平方公里的森林，安歇了下来。浑身雪白的白鹭像羽扇纶巾的公子，绿色羽毛的池鹭像穿袍服的高雅贤士，黄色的草鹭像隐居在乡间的隐者，麻色的麻鹭则像个道姑，苍鹭像翩翩俊俏的公主。

相较于数量庞大的鹭鸟群，森林面积不算大，甚至可说，它们挤在一起，还非常拥挤。但它们从不争夺营巢之地。各类鹭鸟选择不同的树林片区营巢，分片栖息：麻鹭灰鹭在东片林，白鹭在西片林，池鹭与草鹭在南片林。夜宿时，树梢上，白鹭如群星闪闪。它们在森林里，婀娜多姿，翔舞翩翩。

为了迎接鹭鸟的到来，熊信明已早早作了准备。在惊蛰之前的几天，即三月初，熊信明把林业站20余职工，分班组，进村进户散发宣传单，在各个村办鹭鸟知识展览，在镇各主要地段挂横幅标语，宣讲护鸟知识、护鸟纪律、法律知识。这件事，他已做了16年，轻车熟路。但他从来不敢掉以轻心。他进杉树林，检查林子里有没有障碍物，是否被破坏，有没有什么易燃物。每一片林子，他都要走一遍，走过了，他才放心。

森林和村子是连在一起的。有的小村子，就在森林里面。村民知道象山的"土纪律"，丝毫也不违反：不能赶鸟；即使家有喜事也不能在森林附近放鞭炮；不能敲锣打鼓；不能在树林里大声喧哗吵闹；不能烧荒生烟；不能上树摸鸟蛋；不能玩弹弓；不能在稻田喷洒剧毒农药；不能用大音量音响。

林业站职工分班分组，24小时人员值班，每天在森林四周巡护一遍。2013年开始，在象山森林公园主要地段、主要出入口，安装了天眼。熊信明早上或傍晚，沿着森林走一圈。有时，他深夜也一个人去，打个手电，穿上雨靴，去巡护。

我国有鹭科鸟禽20种，其中白鹭最为珍贵，也是鹭鸟中最美的鸟。白鹭属共有13种鸟类，其中有大白鹭、中白鹭、白鹭（小白鹭）和雪鹭四种体羽皆是全白，通称为白鹭。白鹭也叫白鹭鸶、白鸟、春锄、鹭鸶、丝琴、雪客、小白鹭、一杯鹭。乳白色的羽毛像白色的丝绸，覆盖全身。繁殖季节有颀长的装饰性婚羽，在东方的古代礼服和西方的女帽上，用作贵重的饰物。

白鹭站在田野里，扬起长颈轻啼，长长的脚支撑着雪团的身子确实很优雅，像修道院里穿白袍的修女。我曾写过一首叫《一九九二·五·六：白鹭》的诗歌。

你选择了这页农历

只有我在远方听见你躲在唢呐里哭泣

白鹭 我疼爱的白鹭

露水洗净眼里尘世的灰土

我们恩爱如初


而谁能诠释幸福的含义

纯洁的羽毛流落田间

沦为粗俗的稻叶

无论浪迹何方　我总遇见白鹭

我无法描绘你的美丽

草色的五月　翅膀悬挂一川雪瀑


脆弱的白鹭　离开我还有什么意义

在生活的天空没有梦中的花园

月光下的背影　为什么在我眼里

成为一滴耻辱的泪水


孤旅天涯　我一生徒劳

不能幸免翅膀锋利的伤害

笔流出黑色的血　铁质的血

此生此世我只咯这一次

雪笺上是我永远暗藏的珍品


白色的日子　我怀念家乡的茅檐

温暖的灯照冷黯淡的歌谣

一只白鹭给我带来了什么

离开我的歌

那你就好好飞翔吧


白鹭的美，让人震撼。从美学上，它代表东方古典美学的审美标准：纯洁，近乎留白的虚化，高蹈，静中有动，虚实相生。当白鹭突然出现在油青的旷野，会一下击中我们的内心——南方田园油画般的静穆和空灵。

白鹭也因此，一直"飞"在我们的古典诗词里。南北朝时期的诗人萧纲写过《采莲曲》：

晚日照空矶，采莲承晚晖。

风起湖难渡，莲多采未稀。

白鹭
叶学龄
摄

白鹭
叶学龄
摄

鹭鸟的天堂

棹动芙蓉落,船移白鹭飞。
荷丝傍绕腕,菱角远牵衣。

莲蓬熟时,正是白鹭幼雏试飞的时候。莲塘多鱼虾多蜗牛,白鹭啄食,养肥身子,以代继续往东迁徙。

唐代诗人张志和写《渔歌子·西塞山前白鹭飞》,却是另一番景象:

西塞山前白鹭飞,桃花流水鳜鱼肥。
青箬笠,绿蓑衣,斜风细雨不须归。

桃花初开,鳜鱼孵卵,南方细雨绵绵,正是白鹭初来西塞筑巢之时。在诗人眼里,白鹭不单单是美景,还是田园生活的积极写照。

宋代隐逸诗人丘葵写了一首《白鹭》:

众禽无此格,玉立一间身。
清似参禅客,癯如辟谷人。
绿秧青草外,枯苇败荷滨。
口体犹相累,终朝觅细鳞。

把白鹭比喻成禅客,是他自己的另一个形象。丘葵(1244—1333年)成长于南宋(1127—1279年)末年,社会动荡,笃修朱子性理之学,而终生隐居,不求人知,长期避居海岛。明代的著名方志学家黄仲昭在《八闽通志·卷67·人物·同安县·儒林·宋·丘葵》:"丘葵,字吉甫,号钓矶,厦门同安人。风度修然,如振鹭立鹤。初从辛介叔学,后从信州吴平甫授《春秋》,亲炙吕大圭、洪大锡之门最久。时宋末科举废,杜门刻志,学不求知于人。"白鹭高洁,飞翔在湖泊村野,栖于高枝,是自由、纯洁、高贵的象征。

在我们古典文化的传统里，白鹭不仅仅是美的象征，还是精神的象征。

鹭鸟到象山森林公园，找到是自己的营巢之处，便开始营巢。营巢之处一般在去年的旧巢营造处，"夫妻"共同营巢。巢大多营造在杉树、樟树、枫、槐等高枝之上，无高大树木时，也营造在偏僻无人的岩石高处。巢用枯枝搭建，浅碟形，结构简单粗糙，巢体比较大。"夫妻"共同抱窝，一窝卵3～5枚，淡蓝色，壳面光滑细腻，卵体较大，椭圆形，两头圆尖，和麻鸭蛋差不多。

一只鸟抱窝，另一只鸟觅食，相互交替。三月初开始孵卵，抱窝24～26天，幼雏出壳，毛茸茸的脑袋从壳里露出来，探出毛茸茸的身子。白鹭破壳，绒毛便是雪丝般的乳白色。育雏需要两个月，一只鸟护巢，另一只鸟觅食。雏鸟食量大，"鸟爹鸟妈"整日来回"奔波"在觅食地与巢穴之间。

这个时候，是熊信明最辛苦的时节。他和他的林业站职工，也整日奔忙在树林里。他们要巡护，雏鸟落下地面了，得捡起来送上巢穴里，不然，很快会被蛇吃了，或饿死。

这个时节，也正是初夏，象山森林公园气候最为宜人，不冷不热。全国各地观鸟的人，络绎不绝，若是双休日，每日有2000余人来观鸟。林业站的工作人员，还要充当"临时交通警察"，安排停放车辆，还有当观鸟"调度员"和"观鸟纪律宣讲员"。

央视、江西卫视，以及其他各种媒体，便"围在"树林里，航拍、远拍、近拍这个奇妙的"鹭鸟王国"。每天至少有400多摄影爱好者，"盘踞"在象山。有的鸟类摄影家，在象山摄鸟长达2个多月，拍下一张张精美的鹭鸟画面。

象山森林公园是全世界最大的鹭鸟栖息地之一，有9种鹭鸟常年来到这里繁殖，最多时，有14种鹭鸟来此"安居"，数量达60万羽。

象山森林公园成了名副其实的"鹭鸟的天堂"。

鹭鸟有倾巢的习性。鹭鸟试飞了，"鸟爹鸟妈"把鸟巢掀翻，不让雏鸟窝在巢里。"父母之爱，必为之深远计。"鹭鸟如人类智慧的父母一样，懂得生之艰难，为子女作长远打算。正所谓：没有练就一双坚硬的翅膀，飞不了远途。

是的，鸟的生命在于飞翔，在于征服遥远的旅途。

倾巢那几天，有些雏鸟还不能熟练飞，哪怕飞几百米远。雏鸟举起翅膀，拍几下，落了下来。在没有人看护的情况下，落下来的雏鸟基本上落入其他动物口中，或活活饿死。它们回不到枝头，觅不了食，也被喂不了食物。"鸟爹鸟妈"只能眼睁睁看着它们，乱拍翅膀，作最后的挣扎。林业站的人，每天都要去巡护，把落下来的试飞雏鸟，抱回树梢。

肥美的滨湖，把雏鸟养大了，养肥了，它们会飞了，翱翔在蓝天下。但它们暂时还不会离开象山，还要继续觅食。因为更远更艰难的征途在等待它们。它们将去南粤，作最后的休整，再飞越高山大海，去往菲律宾，去往渺渺的异乡。

秋分是二十四节气中的第十六个节气。太阳在这一天到达黄经180度，如春分一样，直射地球赤道，24小时昼夜均分，全球无极昼极夜现象，北半球各地开始昼短夜长。《月令七十二候集解》："八月中，解见春分""分者平也，此当九十日之半，故谓之分。"分就是半，这是秋季九十天的中分点。秋分有三候："一候雷始收声；二候蛰虫坯户；三候水始涸"。秋分后阴气开始旺盛，不再打雷，天气变冷，小虫，蛰居土穴，雨水渐多，所谓"一场秋雨一场寒。"农谚说："白露早，寒露迟，秋分种麦正当时。"繁忙的秋种，已开始。虫惊，为惊蛰；虫蛰，为秋分。这是一个生命周期的轮回。在这一天，鹭鸟远飞，离开象山，前往南粤。

留下来的鸟，是受伤的鸟；留下来的鹭，是夜鹭。它们成了象山森林公园永久的主人。

# 白鹤

傅菲

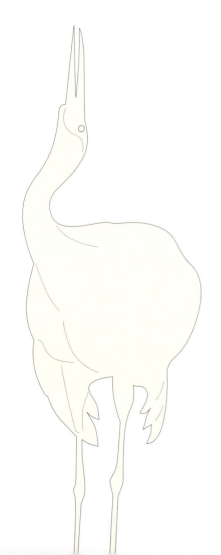

鹤,在释义上,即高飞的鸟儿,从鸟,读崔。崔为出门的短尾鸟。《诗经·小雅》:"鹤鸣于九皋,声闻于野。鱼潜在渊,或在于渚。"皋即水边的岸。高飞的鸟儿,才配命名为鹤。鹤在有水的草洲蛰居,叫声响彻大野。

飞得高,是因为迁徙路途遥远,必须飞越崇山峻岭。灰鹤可在万米高空飞行,丹顶鹤在八千米高空自由翱翔。白鹤在西伯利亚东北部的苔原地带破壳出生,飞越6000公里,来到鄱阳湖越冬,途径俄罗斯的雅纳河、印迪吉尔卡河和科雷马河,在黑龙江、内蒙古、河北、辽宁、吉林等地的湖泊、河流,度过夏季,再继续南飞。

古人膜拜自然,以动物植物为精神图腾,以松、兰、菊、梅、竹、鹤、凤凰、龙、龟等,作为自己的精神指认。白鹤,因其飞得高阔,浑身洁白,鸣叫声洪亮,寿命长,在人迹罕至的淡水边神秘地生活,又被赋予了很多的寓意。

赞美一个白发苍苍的老人,血气旺,我们说:鹤发童颜。

一个尊敬的老人,无疾而终,我们说:驾鹤西去。崔颢(704—754年)写《黄鹤楼》:

昔人已乘黄鹤去,此地空余黄鹤楼。
黄鹤一去不复返,白云千载空悠悠。
晴川历历汉阳树,芳草萋萋鹦鹉洲。
日暮乡关何处是?烟波江上使人愁。

驾鹤的人,就是脱离了尘俗的人,是得道的人,去了天堂做了神仙,解脱了人世无穷无尽的烦恼。我们活着,有太多说不出的苦楚,只有羡慕驾鹤飞渡云端的人了。

晋代的陶渊明(352或365—427年),不仅诗词辞赋写得好,他还特别会讲故事。他写过一本《搜神后记》神怪故事,凡十卷。他写了一个白鹤归化的故事:"丁令威,本辽东人,学道于灵虚山。后化鹤归辽,集城门华表柱。时有少年,举弓欲射之。鹤乃飞,徘徊空中而言曰:'有鸟有鸟

鄱湖鹤影·灰鹤与白鹤
雷小勇 摄

丁令威,去家千年今始归。城郭如故人民非,何不学仙冢累累。'遂高上冲天。今辽东诸丁云其先世有升仙者,但不知名字耳。"

这个故事有些悲凉。丁令威在灵虚山学道,化鹤而归,城郭依旧,而人面已非。世事沧桑,变得让神仙都嫌弃。

鹤为鸟中仙子,翩翩起舞。琴为君子之器。"琴者,禁也。禁人邪恶,归于正道,故谓之琴。"(班固·《白虎通义》)一个人假如把琴毁了,当柴烧;把鹤杀了,煮肉吃,这个人,会是什么样的人呢?

白鹤,可能是最懂得人生况味的一种鸟。白鹤以群居或家族式栖居生活,一夫一妻制,双栖双飞。一对鸟恩爱鸟,少了一只,如离散的夫妻、丧偶的伴侣。王褒(公元前90—前51年,西汉时期著名辞赋家)《洞箫赋》:"孤雌寡鹤,娱优乎其下兮;春禽群嬉,翱翔乎其颠。"孤雌寡鹤、

白鹤

别鹤离鸾，多么孤苦。

　　白鹤属于大型涉禽，体长 130～140 厘米，喙长颈长腿长，站立时，通体白色，胸和前额鲜红色，嘴和脚暗红色；飞翔时，翅尖黑色，其余羽毛白色。无论是飞翔时，还是站立时，白鹤的体态非常优美高雅。即使站在冬天的茅草里，在几华里开外，我们也可以一眼辨认出来白鹤。东晋美术家戴逵（326—396 年）在《竹林七贤论》说："嵇绍入洛，或谓王戎曰：'昨于稠人中始见嵇绍，昂昂然若野鹤之在鸡群。'"在人群之中，如鹤立鸡群，必是佳俊。

　　古有爱鹤之人，名卫懿公（？—公元前 660 年），春秋时期卫国第十八任国君，卫惠公之子。史家司马迁（公元前 145—不可考）在《史记》中给了他六个字："懿公即位，好鹤，淫乐奢侈。"卫懿公喜好养鹤，根据鹤的体态、舞蹈、羽色、

歌唱中的白鹤
周海燕
摄

白鹤

叫声，给鹤定官阶，赐以俸禄，因此招致臣民怨恨。左丘明（约公元前502年—前422年）在《左传》载：冬十二月，狄人伐卫。卫懿公好鹤，鹤有乘轩者，将战，国人受甲者皆曰："使鹤，鹤实有禄位，余焉能战！"

公元前660年，赤狄攻打卫国，卫懿公兵败被杀。爱鹤，爱到了亡国，唯卫懿公。

还有鹤痴，种梅养鹤，终身不娶。宋代科学家沈括（1031—1095年）《梦溪笔谈卷十·人事二》："林逋隐居杭州孤山，常畜两鹤，纵之则飞入云霄，盘旋久之，复入笼中。逋常泛小艇，游西湖诸寺。有客至逋所居，则一童子出应门，延客坐，为开笼纵鹤。良久，逋必棹小船而归。盖尝以鹤飞为验也。"林逋（967—1028年），字君复，奉化大里黄贤村人，北宋著名隐逸诗人，以诗歌《山园小梅》名世，其"疏影横斜水清浅，暗香浮动月黄昏。"之句名传后世。林逋死后，宋仁宗赐谥"和靖"，后人称他和靖先生。现在，西湖的孤山仍有他的石雕像、草房和墓地。

以鹤入画，以鹤作为虫鸟画的主体，是国画的传统。据说薛稷（649—713年，字嗣通，初唐四大书法家之一）画鹤，已达呼之欲出的境界，似乎观者可闻鹤之鸣声。李白、杜甫皆为其题诗。杜甫（712—770年）在《通泉县署屋壁后薛少保画鹤》赞其曰：

薛公十一鹤，皆写青田真。
画色久欲尽，苍然犹出尘。
低昂各有意，磊落如长人。
佳此志气远，岂惟粉墨新。
万里不以力，群游森会神。
威迟白凤态，非是仓庚邻。
高堂未倾覆，常得慰嘉宾。
曝露墙壁外，终嗟风雨频。
赤霄有真骨，耻饮洿池津。
冥冥任所往，脱略谁能驯。

起飞·白鹤
周海燕 摄

鄱湖鸟浪·反嘴鹬
雷小勇 摄

李白（701—762年）在《金乡薛少府厅画鹤赞》中，给薛稷笔下的鹤，插上了穿越时空的翅膀，飞到我们眼前：

> 高堂闲轩兮，虽听讼而不扰。
> 图蓬山之奇禽，想瀛海之漂眇。
> 紫顶烟赩，丹眸星皎。
> 昂昂欲飞一作贮眙，霍若惊矫。
> 形留座隅，势出天表。
> 谓长唳于风霄，终宗立于露晓。
> 凝玩益古，俯察愈妍，舞疑倾市，听似闻弦。
> 倘感至精以神变，可弄影而浮烟。

薛稷知情因太平公主密谋政变事件而未报，被赐死于狱中，现存《啄苔鹤图》《顺步鹤图》《瑞鹤图》《二鹤图》《戏鹤图》等。

鹤是隐逸、高洁的象征。历代均有与鹤有关的名画，流传后世。如宋徽宗赵佶（1082—1135年）的《瑞鹤图》，元代陈月溪（生平不详）的《麻姑仙鹤图》，明代边文进（生卒年不详）的《雪梅双鹤图》《竹鹤图》，清代郎世宁（1688—1766年）的《花阴双鹤图》，清代沈铨（1682—1760年）的《双鹤图》《鹤寿富贵图》《鹤群图》，清代华嵒（1682—1756年）的《松鹤图》等。

寿画《松鹤图》是每一个人都见过的。有人做寿了，厅堂挂一副《松鹤图》，以示寿庆。白鹤是每一个都认识的鸟。并非认识白鹤的人，见过白鹤，而是白鹤作为长寿、吉祥的象征，无人不知。

其实，只有在迁徙地，才可以看见白鹤。白鹤分东部、中部、西部三个种群，迁徙路线和出生地也不相同。东部种群的白鹤来到了中国，主要在鄱阳湖越冬，少量在洞庭湖越冬。中部和西部种群，已十分罕见，濒临灭绝，东部种群约有4000只。白鹤已成极度濒危物种，列入《世界自然保护联盟》（简称 IUCN）2016 年濒危物种红色名录 ver 3.1——极危（CR）。白鹤性胆小，机警，即使在觅食时，稍有动静，立即飞走。它们生活湖泊、河流开阔地带，以苦草、眼子菜、苔草、荸荠等植物的茎和块根为主食，也吃水生植物的叶、嫩芽，少量食蚌、螺、软体动物、昆虫、甲壳动物等动物性食物。近些年，随着栖息地的变化，白鹤的食物也发生了惊人的变化。据南昌大学和江西鄱阳湖湿地生态系统国家定位观察研究站的研究人员从白鹤的粪便提取样本研究，发现白鹤在鄱阳湖的食物组成，共有 10 科 15 种，水稻、莲藕、紫云英分别占食物比例为 33.34%、22.99%、10.61%，传统的主要食物苦草，仅占 2.05%。

栖息地的破坏和碎片化，使得白鹤数量急剧下降，白鹤以农作物作为主要食物来源，将进一步加剧"人鸟之战"。白鹤面临更加残酷的生存威胁。

"西风吹鹤到人间"。我很赞南宋词人吴文英这句词。西风起了，秋冬也到了。我的故乡在上饶县郑坊乡，有宽阔的饶北河和开阔的盆地。在 40 年前，白鹤被西风吹来。饶北河鱼虾成群，冬田水泽一片，长出疏疏的荒草。在河岸的茅草地，在河心小洲，常见白鹤营巢。绿头鸭也多，在河面凫游觅食。那时，我便觉得我生活的乡间，处处都是鸟的天堂。

鸟特别多，春天燕子多，夏天白鹭多，秋天喜鹊多，冬天白鹤多，鹧鸪四季多。但到 20 世纪 80 年代中期，再也看不见白鹤了。过了几年，燕子也不见了。现在，喜鹊也不见了。有那么几年，田野里麻雀也不见了。

白鹤是一种灵鸟。在我很小的时候，我奶娘给我讲过一个白鹤的故事，我现在还记得。故事一般是从"从前"开始的。

从前，河边有一个书生，白天干农活，晚上苦读书，想考个功名。一天大雪，雪覆盖了河滩，覆盖了原野，寒风呼呼呼地吹。书生在油灯下读书。嘟嘟嘟，他听到了房门被什么东西叩响着。他想,天黑了这么久,谁会来看他呢。

书生打开门,见是一只白鹤。白鹤受伤了,断了一只翅膀。白鹤哆哆嗦嗦,可能是又冷又饿了。书生把白鹤抱进屋子里,把自己的衣服脱下来,裹在它身上。书生找出伤药,给白鹤包扎。

每天,书生去藕塘,剥藕芽喂给白鹤吃。冬天过去了,白鹤的伤也好了。可白鹤不愿离去。每天,白鹤给书生跳舞,张开翅膀,抖着羽毛,翩翩起舞。

书生下田干活,白鹤也跟着去。书生去集市买东西,白鹤也跟着去。乡里的人,叫他白鹤书生。

书生要进京赶考了,可没有盘缠。书生暗自坐在家里叹气,哀叹说:寒窗十年,没有盘缠赶考,这可怎么办呢?

第二天白鹤不见了,书生到处找,也没找到,失魂落魄,饭也不想吃。到了中午,门口站了一个白衣女人,眉目清秀,清雅高姿。书生从来没见过这么美丽的姑娘,疑惑地看着她,问来客:寒舍不曾有姑娘来过,你找谁呢。

姑娘扯了扯裙摆,跳了一个舞,风姿绰约,如风吹莲动。这个舞蹈,怎么这样熟呢?书生心里想。没等书生开口,女子半跪作揖,说:先生救命之恩不敢忘,我是在你家养伤的白鹤,知道先生为进京赶考没有盘缠而发愁,姑娘愿织布卖钱,陪先生进京。

书生满脸惊讶,又满心欢喜。

春寒已退,初夏来临。河水又清又亮。田野青青,覆盖了一层了野花,犹如织锦。白鹤姑娘上街卖布,一下子轰动了全乡。白鹤姑娘的布,又白又软,又轻又柔,摸起来,比丝绸还舒服。

"这么漂亮的姑娘,从来没见过。这么好的布,从来没见过。"集市上的人，个个夸赞她。

书生也不知道白鹤会有这么好的巧手，织出这么好的布。他给她织布的棉花，一丝一朵也没动，还是装在麻布袋里。他好奇，她是用什么织的呢？一天，他躲在窗户外，偷偷地瞧。他更惊讶了。原来，白鹤姑娘把自己的羽毛拔下来，织布呢。

积攒了盘缠，白鹤姑娘陪着书生赶考，书生考了状元。放榜那天，白鹤姑娘哭了。书生问她：这么高兴的事，你怎么哭了呢？

白鹤姑娘说：你中了状元，便不会记得我这个乡野姑娘了。

书生说：怎么会呢？没有你织布，我还赶不了考。

白鹤姑娘说：中了状元的人，都会变心。

书生说：我不会变心，我们一起回乡下，你织布，我种田，也是神仙眷侣。

白鹤姑娘说：十年寒窗苦读，你有自己抱负，怎么可能为了我而放弃前程呢。说完，呱呱两声，姑娘变成了白鹤，飞走了。

白鹤姑娘飞到天涯海角去了。状元郎很是伤心，觉得这个世界不是他想要的世界。他又回到了家乡，谢绝了朝廷的安排，过着从前的生活。

书生一直想着白鹤姑娘，想了几年，想得病了。他卧床不起。

有一天，有一个药女来了，给他看病。药女纤瘦柔弱，面目苍老，但话语温柔。药女问书生：你怎么一病不起呢？你中了状元也不去做官，为了什么呢？

书生说：我想见一只白鹤，可白鹤再也不来，白鹤来了，我病就好了。

药女说：你这么爱白鹤，白鹤不会离开你的。

药女给书生喂药。书生喝了药，迷迷糊糊睡着了。

书生第二天醒来，床前坐了一个美丽的女子。他一下子

迎着夕阳回家
白鹤与小天鹅
雷小勇
摄

病就好了。原来,药女是白鹤姑娘变的。

这个故事,我听过很多次。每次听,我都很神往,虽然那时还是个孩童。这个故事温情,不仅仅是报恩,故事里有农耕时代的爱情血脉。

童年常见的白鹤,已成濒危物种,也是一种沧海桑田。95％的白鹤越冬地,在鄱阳湖,主要集中在大湖池、蚌湖、中湖池、大叉湖等地带。白鹤在越冬地集结,几只、几十只、上百只,成群。鄱阳湖有着世界上最美的白鹤景观。

2019年,江西票选省鸟,白鹤、东方白鹳、白鹇,遥遥领先于其他候选鸟,而白鹤尤其受到江西人的喜爱。这么吉祥的鸟,这么美的鸟,谁不喜爱呢?

十月中旬之后,冬候鸟就要来鄱阳湖了,白鹤会再次来到美丽的鄱阳湖。我十分神往了。

我很想去鄱阳湖了,只因为白鹤。

# 与鸟的盟约

傅 菲

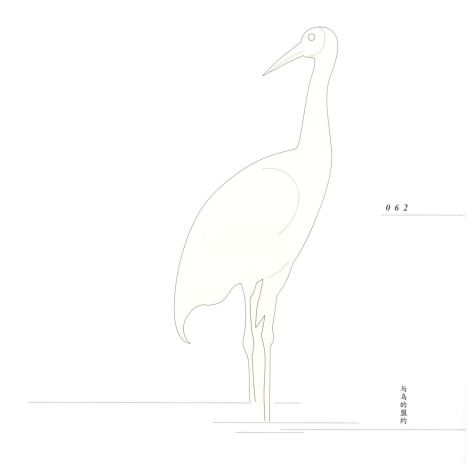

瓢里山，一个漂浮在水上的名字，珠湖内湖中的一座小岛，它就像悬挂在鄱阳湖白沙洲上的一个巨大鸟巢。从空中往下看，瓢里山像一只浮在湛蓝湖泊的葫芦，也像一把鱼叉。对岸就是珠湖黄牺渡，古称黄牺津。津即渡口。"黄牺"是"瓢"的别名。陆羽《茶经·器》称："瓢，一曰牺、杓，剖匏为之，或刊木为之。"

我从黄牺渡坐渔船去瓢里山。船是拱形篷顶的小渔船，请船夫做我的向导。这是初冬的清晨，微寒扑面，雨后的空气湿润。湖面如镜。瓢里山又名黄溪山，是一座孤山，如一片漂在湖面上的青青荷叶。

船夫以捕鱼捕虾为生，是一个五十多岁的老汉，胡茬细密，个儿小但结实，脸色因为酒的缘故而显得酡红。他对我说：山方圆两华里，很小，除了鸟，也没什么看的，也没什么人，是一座很孤独的山。我说：有鸟，山就不孤独了，山有了树，有了鸟，山就活了。

"以前，山上有黄溪庙，供观音菩萨。前几年，庙搬迁了，让鸟有一个清净的栖息地。"船夫说："不多的几户人家，也搬迁了。"

一群群鸟从岛上飞出来，在湖面盘旋，又向北的沙洲飞去。船夫又说：你别看岛小，可是出了名的鸟岛，一年四季，鸟比集市上的人好多。

"你经常上岛吗？"

"一年来几次，我从小在这里生活，哪个角落，我们都熟悉。"

船靠近岛，鸟叫声此起彼伏。嘎嘎嘎嘎，呱呱呱呱，呃呃呃呃。我一下子，心蹦蹦跳起来。我从来没听过这么盛大浓烈的鸟叫声。我也分辨不出哪种鸟的叫声。

船靠了岸，鸟拍翅的声音，又响彻起来，啪啪啪。像是有鸟在跳舞，有鸟在振翅欲飞。树枝在沙沙响，树枝在哗啦哗啦摇动。我下了船，望望浓密的阔叶林，树上站满了鸟。我站在船边，不敢挪步，也不敢说话——鸟机警，任何的响

天鹅
廖国良
摄

动,都会让鸟惊飞。

"我带你去吧,树林里有一个茅棚,一个叫鲅鱼的人常在那里歇脚。在那里看鸟,视野很好。"船夫系了缆绳,扣上斗笠,往一条窄窄的弯道上走。他把一顶斗笠递给我,说:你也戴上,不然鸟的粪便会拉在头上。

弯道两边都是树和茅草。树是阔叶乔木,有枫树、樟树、小叶榕、土肉桂、木莲、杜英。鸟站在树梢上,树梢颤动。我看见了天鹅、大雁、斑头雁和䴙䴘。树上有很多鸟巢,有的大如脸盆,有的小如袋瓢。我仰起头,看见两只东方白鹳,站在高高的枫树上,举起翅膀,扇动着,欢快地跳舞。

走了百米远,看见一个茅棚露出来。一个四十多岁的人在茅棚前,用望远镜,四处观望。船夫说:那个人就是鲅鱼,鲅鱼在城里开店,候鸟来鄱阳湖,他每天都要来瓢里山,已经坚持了十多年。

"他每天来这里干什么?每天来,很枯燥。"

"这里是鸟岛,夏季有鹭鸟几万只,冬季有越冬鸟几万只。以前常有人来猎鸟,张网、投毒、枪杀,鸟都成了惊弓之鸟,不敢来岛上。这几年,没有了。鲅鱼可是个凶悍的人,偷鸟人不敢上岛。"船夫说:"其实,爱鸟的人,心地最柔软。"

船夫是个善言的人,在路上,给我们说了许多有关候鸟的故事。他把我当做普通的观鸟客。也许他是从我不断发出啊啊啊的感叹词,从我惊喜诧异的脸色,从我追踪候鸟飞翔的眼神——捕捉到的。只有初到小岛,初见候鸟群飞的人,才会像我这样手舞足蹈。而船夫不知情的是,我是想找一个僻静的地方,躲一躲,以逃脱城市的嘈杂。是的,我是个热爱城市生活的人,尤其我居住的小城,信江穿城而过,山冈葳蕤,但我还是像患了周期性烦躁症一样,不去乡间走走,人很容易暴躁——我不知道城市生活缺少了什么,或者说,心灵的内环境需要一种什么东西来填充。初冬,我正处于这种焦灼的状态,正是候鸟来临时节,给了我去鄱阳湖的理由——去看一场湖光美景,群鸟歌舞。

被南宋饶州知府范仲淹誉为"小南海"的瓢里山,满眼树木葱翠,鸟影绰绰,树上一片"白"。香樟高大浓密,从视野里喷涌而出,天鹅像戴在树上的帽子,远远望去,仿佛是一片在银色湖面上游弋的船帆。白鹭、天鹅、鹳、鹤、不时地惊飞,俯冲低空,与茫茫灰白色的天空融为一体。茅棚隐在树林里。

鲅鱼对我意外的造访,很是高兴,说:"僻壤之地,唯有鸟声鸟舞相待。"

"这是瓢里山最好的招待,和清风明月一样。"我说。

我们在茅棚喝茶。茶是糙糙的手工茶,但香气四溢。茅棚三只塑料桶,和一辆破旧的自行车,壁上悬着一个马灯和一个可以戴在头上的矿灯。塑料桶里分别放着田螺、泥鳅和小鱼。鲅鱼说,这些是给"客人"吃的。茅棚里,还有一个药橱,放着药瓶和纱布。

鲅鱼四十五六岁,有一圈黑黑的络腮胡,戴一副黑边眼

集结·白鹤
雷小勇 摄

镜，土墩一样厚实，皮肤黝黑，手指短而粗，他一边喝酒一边说起他自己的事。他在城里开超市。他爱摄影，经常陪摄影界的朋友来瓢里山采风。有一年冬，他听说一个年轻人为了抓猎鸟的人，在草地上守候了三夜，在抓人时被盗贼用猎枪打伤，满身硝孔。之后，鲅鱼选择了这里，在年轻人当年受伤的地方，临时搭了这片茅棚，与鸟为邻，与湖为伴。

湖上起了风，树林一下子喧哗了，鸟在惊叫。后面"院子"里传来嘎嘎嘎的鸟叫声，鲅鱼说，那是鹳饿了。鲅鱼提着鱼桶，往"院子"走去。我也跟着去。"院子"里有四只鸟。鲅鱼说，这几只鸟都是受伤的，怕冷。他又说："不同的鸟叫声不同，体形和颜色也不同。天鹅形状似鹅，呃呃呃地叫，像妇女敞开嗓子练歌，体形较大，全身白色。白鹭羽毛白色，嘎嘎嘎，叫声里透露出一种孤独，腿很长。鹳嘴长而直，羽毛灰色或白色或黑色。鹤头小颈长，叫声尖细，嗨嗨嗨，羽毛灰色或白色。"

这四只鸟，像四个失群离家的小孩，一看见鲅鱼，就像见了双亲，格外亲热——伸长脖子，张开细长的嘴，一阵欢叫。

我辨认得出,这是三只鹳和一只白鹤。我想,它们就是鲅鱼所说的"客人"吧。鲅鱼把小鱼一条条地送到"客人"的嘴里,他脸上游弋着捉摸不定的微笑。他一边喂食一边抚摸这些客人的脖颈。鲅鱼说,过三五天,我把这几只鸟,送到省动物救助中心去。

"在这里,时间长了,会不会单调呢。"我问鲅鱼。

"怎么会呢。每天的事,做不完。在岛上走一圈,差不多需要一个小时。上午、下午,都得走一圈。"鲅鱼说。

瓢里山北高南低,地势平缓,北边是悬崖,南边是沙地,草茂树密。夏季,白鹭栖息在南边,池鹭栖息在北边。鹭鸟试飞时,鲅鱼整天都待在林子里,去找试飞跌落的小鸟。岛上有蛇,跌落的小鸟没有被及时发现,会被蛇吞噬。鲅鱼把小鸟送回树梢,让它们继续试飞。也有飞疲倦了鸟,飞着飞着,落了下来,翅膀或者脚跌断了,再也回不到天空。鲅鱼说的一件事:2000年冬,鲅鱼救护了一只丹顶鹤,养了两个多月,日夜看护,到迁徙时放飞了，第二年10月，这只丹顶鹤早早地来了，整天在院子里走来走去，鲅鱼一看到它，紧紧地把它抱在怀里。以后每年，它都在鲅鱼家度过一个肥美的冬季，而去年，它再也没来，这使鲅鱼失魂落魄，为此还喝闷酒醉过两次。

"鸟是有情的，鸟懂感情。"我们在树林走的时候，鲅鱼一再对我说："你对鸟怎么样，鸟也会对你怎么样。鸟会用眼神、叫声和舞蹈，告诉你。"

我默默地听着，听鲅鱼说话，听树林里的鸟叫。

船夫对鲅鱼说：你走在树林里，鸟不惊慌，我走在树林里，鸟会飞走，鸟认识你。

"鸟是接受了神的派遣，才来到人间的。鸟多美啊，它飞起来是美的，站在树上是美的，孵雏是美的，喂雏是美的，低头觅食是美的，它睡觉时也是美的。鸟的羽毛是美的，眼睛是美的，叫声是美的。你见过丑陋的鸟吗？没有。世界上，没有丑陋的鸟。这么美的东西，一定是神的使者。"鲅鱼说："我见不得鸟受伤，见不得鸟死去。虽然我常常见到死鸟。看见了死鸟，像看见了冤魂，我会非常难受。"

在林子走了一圈，已是中午。鲅鱼留我和船夫吃饭。其实也不是吃饭，他只有馒头和一罐腌辣椒。在岛上，他不生炊，只吃馒头花卷面包之类的干粮。热水，也是他从家里带来的。

吃饭的时候，鲅鱼和我讲了一个故事。2014年冬，瓢里山来了一对白鹤，每天，它们早出晚归，双栖双飞，一起外出觅食，一起在树上跳舞。有一天，母白鹤受到鹰的袭击，从树上落了下来，翅膀受了伤。鲅鱼把它抱进茅棚里，给它包扎敷药。公白鹤一直站在茅棚侧边的樟树上，看着母白鹤，嘎嘎嘎，叫了一天。鲅鱼听惯了白鹤叫，可从来没听过这么凄厉的叫声，叫得声嘶力竭，叫得哀哀戚戚。他听得心都碎了。鲅鱼把鲜活的鱼，喂给母白鹤吃。公白鹤一直站着。第二天，公白鹤飞下来，和母白鹤一起，它们再也不分开。喂养了半个多月，母白鹤的伤好了，可以飞了。它们离开的时候，一直在茅棚上空盘旋。第二年春天，候鸟北迁了，临行前，这一对白鹤又来到了这里，盘旋，嘎嘎嘎嘎，叫了一个多小时。鲅鱼站在茅棚前，仰起头，看着它们，泪水哗哗地流。

秋分过后，候鸟南徙，这一对白鹤早早来了，还带来了一双儿女。四只白鹤在茅棚前的大樟树，筑巢安家。晚霞从树梢落下去，朝霞从湖面升上来。春来秋往，这对白鹤再也没离开过这棵樟树。高高的树桠上，有它们的巢。每一年，它们都带来了美丽可爱的儿女，和和睦睦。每一年，秋分还没到，鲅鱼便惦记着它们，算着它们的归期，似乎他和它们，是一门固守约期的亲人。

可去年，这对白鹤，再也没来了。秋分到了，鲅鱼天天站在树下等它们，一天又一天，直到霜雪来临。它们不会来了，它们的生命可能出现了诡异的波折。鲅鱼心里难过了整个冬天。他为它们牵肠挂肚，他因此默默地流泪。

"我要守着这个岛，守到我再也守不动了。"鲅鱼说。

有人，有鸟，岛便不会荒老。

这是一个人与一座孤岛的盟约。

人人都说，现在的人浮躁，急功近利，要钱要名。来了瓢里山，见了鲅鱼，我不赞同这个看法。人需要恪守内心的原则，恪守属于生命的宁静，去坚持认定的事，每天去做，年年去做，不平凡的生命意义会绽放出来。

岛屿的南面，是碧波万顷的珠湖。珠湖是鄱阳湖中内湖，古时盛产珍珠，遂称珠湖。鸟在湖面上，一群群地低飞，上百只，上千只。橘色的阳光在水面荡漾。鸟群，犹如在天空中飞卷的白云。珠湖涛声远远传来，依然令人惊骇。那一只只鸟，就像一团团白色的火焰，在燃烧。天空布满了鸟的道路，大地上也一样。瓢里山不会荒老，即使是荒老，也是一种坚韧，也是一种信仰。鲅鱼坐在茅棚前的台阶上，吃馒头，就着腌辣椒。他喝水的时候，摇着水壶，把头扬起来，水淌满了嘴角。他戴着一条黑头巾，看起来像个风尘仆仆的牧师，在无人的荒岛布道。

# 二 与鸟同行

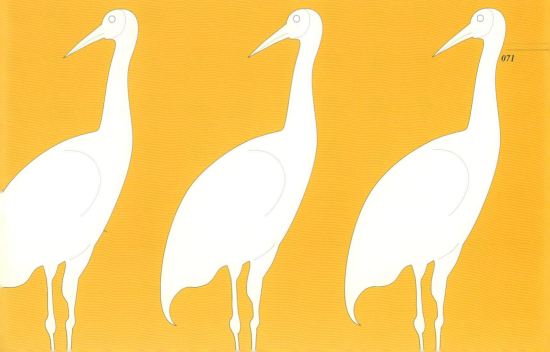

# 候鸟日记

傅菲

从都昌高铁站到西源乡塘口村，公路坑坑洼洼，走了一个多小时。接我的朋友说，这条路修了三年，半边都没修好。我心里咯噔一下，心想，这个县做野保工作，会特别艰难。车子在一个小院子停下，一个五十多岁的人，中等个子，站在院子门口，向我伸出了热情的手。在周溪候鸟保护站工作的胡华喜同志，向我介绍说：这个就是坚持巡护、救治候鸟十余年如一日的段会长。

"这个带小院子的救助站，是都昌候鸟保护管理局帮助我们建的，院子有200来平方米，屋子有近100来平方米，有救助室、药品室，还带个小厨房。还特意给候鸟建了澡堂。"段会长一边把我请进屋子，一边介绍。他对工作和对人的热情，我一下感觉到了。

"建一个救助站，是保护局对你的有力支持，也是最大的肯定。"我说。

"局里这样支持，我越干越有劲。我整个团队也越干越有劲。"

段会长，是都昌县鄱阳湖野生动物救护协会的会长，西源乡塘口村人，本名段庆县。他向我说起了与候鸟的渊源。他自小长在鄱阳湖区，世代以打鱼为生，看惯了候鸟，听惯了候鸟的歌声。但说起保护候鸟，他另有一番原由。

1990年冬，段庆县捕鱼回来，捡到了一只受伤的大雁。他抱了回家，准备宰杀做晚餐。那是物质相对贫乏的年代。他一家人很少吃肉，想给家人加个餐，烧一只大雁解解馋。但他父亲阻止了他。父亲说：鸟有灵性，你救了鸟，鸟会保佑你生个儿子。段庆县听从了父亲的话，想去放飞鸟。而他两个小女儿正在和大雁嬉戏，不肯放飞。段庆县和女儿一起，把鸟拎到野外玩。他暗地把布袋掏开一个大洞，玩了一会儿，大雁从布袋里飞出来，回到了野外。当天傍晚，惊喜的事情发生了。大雁带了另一只大雁来，在他屋顶上飞了三圈，叫着，呱呱呱。他心里乐坏了。

第二年，段庆县果真生了个儿子。段庆县不是个迷信的人。但他至此相信，鸟有灵性，知道感恩。他决心守护候鸟，不让候鸟受到伤害。

白鹤一家
周海燕
摄

候鸟日记

段庆县没什么文化，只读了小学五年级，对于候鸟的习性，他一概不知。但他有热情，他坚持这个观点：在西源，不能有鸟网，不能有人投毒。冬候鸟来了，他天天去湿地、湖滩巡护。看见鸟网，他就拔；看见有毒的鸟食，他就清扫。为此，他耽搁了捕鱼，耽搁了种菜。幸好，他父亲和他妻子对他义务护鸟的工作很支持。一家人都认为，保护候鸟是功德无量的事，是爱家乡。

村里有人看见他巡护，不理解他，甚至当面奚落他，他也不在意。他坚持自己的做法。1999年，他发现村里的墙上，突然多了保护候鸟的宣传标语。这个发现，让他兴奋好久。他心里想，护鸟的人，肯定不会只有他一个人，还有其他人，只是他不知道。2010年秋，有一天，他在岸边织网，遇上了一个人。这是一个六十多岁的男人，在岸边走来走去。老人问段庆县："这一带，你有没有发现鸟网，有没有看到毒杀候鸟。"

"这一带，没有的。我天天留心着，没有投鸟的人。"段庆县说。

他开始写日记，记自己的日常工作，记观察到的候鸟。他把日记取名为"候鸟日记"，重点是事项：工作安排和执行；候鸟种群；候鸟的生活习性；候鸟的迁徙时间；候鸟的救助。

在他的办公室，我看到了十余本"候鸟日记"本，记得满满当当，字工整清晰，虽然错别字比较多，语句的逻辑有些问题，但可以看出，他每写一篇日记，都十分用心。

他的日记，从2012年9月开始：

## 2012年9月12日

昨天晚上接到曹意初电话，说：今天开始搞今冬越冬候鸟保护的第一次宣传工作。我和曹永胜早上8点在曹意初家集中，先开了3个会。老曹作了分工。由曹永胜拍照、摄像，我和老曹张贴通告和标语。上午请人代写标语，下午，和十三号（注：9月13日）在西源各村人员集中区，张贴标语和通告。这次宣传需要搞（注：开展）两天，（大家）都觉得很光荣也很高兴。

### 2012年10月20日

我三人在老曹家集中开了个会,主要是今冬保护候鸟的第二次宣传工作会议。会议决定,把这次宣传范围扩大到周溪镇。在周溪镇各人员集中区张贴标语和通告,在(张贴)宣传(标语)的期间,偶遇省、县、镇(负责野保工作的)领导,亲临周溪镇做宣传工作,并给我们作了重要指导。

### 2012年10月22日

我三人继续搞宣传工作,分工与往日一样,小曹拍照。(我们)在西源沿湖各村张贴标语通告,并到小学(各)学校讲保护候鸟(知识、法规)方面的课,(以及)分发有关候鸟知识的作业本。共分发800多本,其中有(分发的学校有)塘口小学、西源中小、菱塘小学、中塘小学、南邹小学、东湖小学等,并有老师签名。中午在东湖大队部买了方便面和矿泉水当午饭。下午下雨,我三人都互相鼓励把宣传搞完,事后都被雨淋湿透了。

### 2012年10月28日

今天我三人象(注:像)上次一样开始搞今冬的第三次宣传,分工也一样。这次是在西源湿湖各村贴保护候鸟的标语,并有(接到)举报电话。(并张贴了)省、市、县发布的保护候鸟的通告,(我们)中午在中塘大队小卖部买了饼干和矿泉水充饥。虽然没有饭菜的美味,但(我们)都吃得津津有味。今天的宣传只搞了一天,大家觉得很快乐。

在巡护的几年里,段庆县救助了大量的候鸟。每次把受伤的候鸟抱回来,医治成了难题。他不懂医,又不会开车,使得受伤过重的候鸟(尤其是中毒的鸟)还没开始救助,便死在去救助的路上。他只能选择就近(塘口村)诊所,对候鸟医治。鸟和人,毕竟有区别,医治的方法也有差别,诊所对候鸟的医治,成活率一般在50%。面对死去的候鸟,段

白鹤
叶学龄
摄

庆县很难过。他决心改变这个难题。

2015年，段庆县向江西省自然保护区都昌候鸟保护管理局申请，设立都昌县塘口野生动物救助站。局里很支持。救助站没有场地，段庆县把自己家的房子，腾出一楼，在房子后面搭了网篷，建了6个候鸟的屋舍，作为临时救助点。他又找到本村诊所的医生查玉莲，作为候鸟救助医生。查玉莲爽快地答应了。

查玉莲生于1977年，1992年随父亲开诊所，有比较丰富的医学经验。查玉莲一家人很支持她做候鸟医生，作为一个新加入的志愿者，她自学野生动物救助医学知识，以提高候鸟救助成活率。

都昌拥有185万亩的水域面积，占鄱阳湖面积的比例最大；湖岸线长达185公里，占鄱阳湖1200公里水岸线的1/6；沿湖草洲、滩涂湿地100余处，占鄱阳湖湿地面积的三分之一，为鄱阳湖区各县之首，周溪镇、三汊港镇、大沙乡、和合乡、西源乡等8个乡镇均为冬候鸟主要栖息地。塘口野生动物保护站主动承担了西源乡、周溪镇、三汊港镇3个辖区的候鸟巡护工作。面积大，候鸟多，需要增加更多的巡护员，段庆县以"三条标准"发展更多志愿者。段庆县的"三条保准"是：60岁以下；保护意识强；长期在家里生活。当年，段庆县发展了58名志愿者。志愿者分布在3个乡镇各个村，宣传、巡护、救助，由段庆县统一安排调度。

查玉莲是个刻苦钻研的人，她经过自学，救治水平大大提升，候鸟救活率达到85％以上，2018年还承担了"主动疫警"国家级科研项目。

段庆县还有单独的"救助日记"，有图、有现场、有文字。他自称叫"有图有真相"。他说：我们救助站不能失信于人，所有接收的救助的动物，必须记录。在塘口野生动物救助站成立之前，段庆县和查玉莲两人，救活了180余只冬候鸟，包括天鹅、白鹤等珍稀鸟类。2016年至2019年，救活了400余只冬候鸟，还救活了400余只其他野生动物，如山麂、狐、黄鼬等。这些救助，他都有图文记录：

2016年5月31日，志愿者邹水金送来两只斑嘴鸭，经都昌县塘口野生鸟类救护站救治康复后，于2016年6月23日，在塘口湿地成功放飞大自然。

2016年11月9日，护鸟员余叨林送来的1只受伤的豆雁，经都昌县塘口野生鸟类救护站救治康复后，于2016年11月23日，在塘口湿地成功放飞大自然。

2016年11月5日，渔民段庆建送来1只受伤的凤头潜鸭，经都昌县塘口野生鸟类救护站救治康复后，于2016年12月8日，在塘口湿地成功放飞大自然。

2016年12月4日，渔民段万爱送来1只受伤的凤头潜鸭，经都昌县塘口野生鸟类救护站救治康复后，于2016年12月13日，在塘口湿地成功放飞大自然。

……

救护站护鸟员在西源湖区巡护时，发现受伤的夏候鸟（白鹭、池鹭、夜鹭），经都昌县塘口野生动物救护站精心救治、护理康复后，于2017年8月26日，在塘口湿地集中放回归大自然。

救护站护鸟员，在西源湖区巡护时，发现1只因病的小白鹭，带回了救护站进行救治，经过工作人员精心救治、护理康复后，于2017年9月5日，在塘口湿地成功放回归大自然。

救护站护鸟员在西源湖区巡护时，发现1只因病的中白鹭，经都昌县塘口野生动物救护站救治护理康复后，于2017年9月9日，在塘口湿地成功放回归大自然。

救护站护鸟员8月8日，在鄱阳湖西源湖区巡护时，塘口村村民段万库投送的1只中毒的夜鹭，交给正在巡护的护鸟员，立即赶回都昌县塘口野生动物救护站展开救治。经工作人员精心救治护理康复后，于2017年9月16日，在塘口湿地放回归大自然。

……

2017年1月16日，都昌县塘口野生鸟类救护站，把救治康复的6只凤头潜鸭和1只豆雁，在塘口湿地成功放回归大自然。

2017年1月17日，从在候鸟保护局接来的鸿雁，经都昌县塘口野生鸟类救助站救治康复后，于2017年2月20日，在塘口湿地成功放飞大自然。

2017年2月17日，都昌县塘口野生鸟类救助站，在塘口湿地将救治康复的小天鹅成功放飞大自然。

2017年1月20日，在周溪新镇群众家，接来的小天鹅，经都昌县塘口野生鸟类救助站，救治康复后，于2017年2月17日，在塘口湿地成功放飞大自然。

……

志愿者段月琴在一农民家中买来1只松雀鹰，投送到救护站后，工作人员立即展开救治，几经周折，终于救治成功。经过精心护理康复后，于2017年12月2日，在塘口湿地成功放回归大自然。

2017年2月29日，护鸟员段庆县在湖区巡护，发现1只受伤的小天鹅，经都昌县塘口野生鸟类救护站救治康复后，于2017年3月10日在塘口湿地成功放飞大自然。

……

县林业局，2018年1月9日，送来两只受伤的小天鹅，塘口县塘口野生动物救护站工作人员精心救治护理康复后，在都昌县候鸟保护局、野生动植物保护站、都昌县监测站领导下，于2月21日，在塘口村湿地成功放回归大自然。

2018年8月19日，志愿者彭长林，把1只受伤的小鹧鸪投送到都昌县鄱阳湖野生动物求助协会，经协会工作人员精心救治和护理康复后，于2018年8月27日，在塘口村湿地成功放回归大自然。

都昌县野生动植物保护管理局站送来1只因病的"蓝喉蜂虎"，经都昌县鄱阳湖野生动物救护协会救治护理康复后，于2019年6月19日，在塘口村林地成功放回归大自然。

2018年2月9日，渔民段云珍把1只误入网丝而缠伤的凤头潜鸭，投送到救助协会，经救护人员救治和护理康复后，于2018年2月28日，在塘口村湿地成功放回归大自然。

2018年1月9日，彭泽县林业局送来了两只受伤的小天鹅，经都昌县塘口野生动物救护站救治护理康复后，在都昌县候鸟保护局、野生动植物保护站、都昌县监测站领导的指挥下，于2019年2月21日，在塘口村湿地成功放回归大自然。

刘懿丹转送的国家二级保护动物"白鹇"，经都昌县塘口野生动物救护站救治护理康复后，于2018年3月16日，在塘口村湿地成功放回归大自然。

护鸟员吴国花、段丽琴等6人小组，在巡护时发现的小白额雁，经都昌县塘口野生动物救护站救治护理康复后，于2018年1月16日，在塘口湿地成功放回归大自然。

2018年2月7日，都昌县塘口野生动物救护站，在塘口湿地成功放飞的候鸟共32只，其中小天鹅2只、白额雁5只、鸿雁2只、豆雁1只、凤头潜鸭1只、赤

白鹤
周海燕
摄

颈鸭9只，分别属于国家二级重点保护动物及省级保护动物。

护鸟员在巡护时，发现和志愿者投送的国家二级保护候鸟：3只白额雁，经都昌县塘口野生动物救护站救治护理康复后，于2018年1月17日，在塘口村湿地成功放回归大自然。

救护站护鸟员，在巡护时发现1只因病体弱的小天鹅，经都昌县塘口野生动物救护站，救治护理康复后，于2018年2月14日，在塘口湿地成功放回归大自然。护鸟员巡护时发现和志愿者投送的国家二级保护候鸟，两只鸿雁，两只白额雁，1只小白额雁，经都昌县塘口野生动物救护站救治护理康复后，于2018年1月17日，在塘口湿地成功放回归大自然。

救护站护鸟员，在巡护时发现了1只受伤的赤颈鸭，经都昌县塘口野生动物救护站救治护理康复后，于2018年2月24日，在塘口村湿地成功放回归大自然。

救护站护鸟员，在巡护时发现1只受伤的豆雁，经都昌县塘口野生动物救护站，救治护理康复后，于2018年2月21日，在塘口湿地成功放回归大自然。

都昌县候鸟保护局送来的1只受伤的小天鹅，经都昌县塘口野生动物救护站救治护理康复，经中国科学院专家检测后，于2018年2月16日，在塘口湿地成功放回归大自然。

……

2017年11月份注册的都昌县塘口野生动物救助站，变更为都昌县鄱阳湖野生动物救助协会，拓展了工作范围，候鸟救助面向整个鄱阳湖区。

协会每天有人值班。这是一个完全民间的协会，没有工作经费，除了上级主管部门的部分奖励外，其余资金都得自掏腰包。租船巡护、医疗器械和药品、宣传制作、水电、饵料，都是不少的开支。协会有5人常驻，分统管、内务、医治等5个工种。2018年，5人自掏钱包给协会支出，各1.1万元。他们没有"发财"的念想，没有"出名"的念想，只为保护好候鸟。

我查看了段庆县会长最后几天的"候鸟日记",发现他们,虽然冬候鸟没有大批达到,但他们已开始忙碌:

2019年10月7日

星期一,多云。今天是国庆节假期最后一天,为了防止不法之徒乘国庆假日之机,破坏湿地候鸟和非法捕捞,(我们加强了巡护。)近日随着冷空气入侵,许多许多越冬候鸟迁抵鄱阳湖,我们就是要做好它的安全保卫工作。上午8时13分,我们租用的捕鱼巡护船已经开动,向鄱阳湖的石排湖开去。我们在湖中巡护时,不断有候鸟从北往南迁徙而来,空中飞来的大雁、野鸭子、灰鹤、白琵鹭,在很高处飞。现象(现在有)针尾鸭飞了过来,我们感觉非常高兴。候鸟多了,但也给了我们争(增)加了担子。但不管担子有多重,一定坚决地把保护鄱阳湖湿地候鸟工作做好。今天船巡大(约)7个多小时,没有发现破坏湿地候鸟资源的不法之徒。由于鄱阳湖水位(下降,湖滩)干枯,我们的巡护船离湖岸教(较)远,基本上(距离湖岸)在300米以多(外),所以我们很难观测到(候鸟)清晰的活动。下午15时28分,船已靠岸。今天护鸟自由平安。

今天巡护共产生租船和餐饮费586元整。

2019年10月9日

星期三,多云的天气。今天,救护协会派出护鸟员在西源乡湖区进行了都昌县自然保护区管理局、鄱阳湖保护区都昌保护监测站的统一水鸟监测。上午9时,段庆县带领着冯华香、吴国花、江赛娥徒步在湖区监测着,发现越冬候鸟的品种、数量在增加。我湖区有豆雁、鸿雁、斑嘴鸭、针尾鸭、赤麻鸭、赤颈鸭等,有鹤鹬鸟、青脚鹬、麦鸡等,湖中有小䴙䴘、凤头䴙䴘等。我们从塘口村出发,一直徒步往北,经神头山、冯家垅、刘家边湿地、大源垅湿地、东湖湿地,到了水牛石,大约行程16公里。由于鄱阳湖水位很低,加上连日干旱,湖边徒步较快,但距离水岸线较远，许多水鸟难以（观察）清楚。但数量比上次增加了不少，湖区候鸟很平安。下午15时18分，回到了救护协会，虽然有点累，但湖区候鸟增加了，栖息平安，我们心中非常高兴。

### 2019年10月11日

星期五，阴天时有小雨。今天早上接到候鸟保护局李跃局长的电话，协会护鸟员上午9时赶到周溪保护站，学习贯彻"不忘初心，牢记使命"主题教育。段庆县上午8时开动三轮摩托车，载上冯华香、吴国华、江赛娥、查玉莲等，上午9时，我们赶到了周溪保护站，（;）上午9时30分，候鸟保护局领导来到保护站，（;）上午9时40分，主题会议开始。会议有付（副）局长吴铭华主持，郭华、刘文俊付（副）局长、石水平书记在会上作了报告。参加会议的还有小天鹅护鸟协会的护鸟员。段庆县代表救护协会在会上发言。自救护协会成功（立）起来（以来，）的（我们）风风雨雨，艰难行程，（。）以后的（我们）发展方向（方面），（在）购买药品和饵料，宣传资料，三、四轮车的燃油费用等待（问题上，我们要进一步想办法解决）。最后，李局长作了总结发言，一定要学习贯彻执行主题思想，要把保护鄱阳湖湿地候鸟、救护野生动物做好、做杂实（扎实），确保湖区候鸟自由平安。中午在周溪保护站吃了午饭，下午返回救护协会。

### 2019年10月12日

星期六，阴天。今天救护协会派出护鸟员：段庆县、吴国花、冯华香、江赛娥，租用渔尾（注：自然村名）段庆伟捕鱼船，在鄱阳湖的石排湖巡护。由于近期鄱阳湖水位退至历史最低，许多滩涂裸露，很多水鸟就栖息于此。有越冬的候鸟，也有留鸟和未曾迁徙的夏候鸟。这个时期湖中还有很多渔民在捕鱼，我们保护候鸟时还要经常租船到湖中巡护。今天在巡护途中，不时有很多候鸟从北往南飞来。滩涂上有：雁、鸭、小白鹭、银鸥等，湖中有凤头䴙䴘、小䴙䴘、斑嘴鸭等。虽然湖中渔民船只很多，但都安心捕鱼，对候鸟干扰很少。今天所巡护的区域，候鸟自由平安，没有发现破坏湿地候鸟的不法之事。今天巡护8时出发，14时回来。

今天巡护产生了租船费和餐饮费共计544元整。

## 2019年10月14日

星期一，阴天。今天，协会派出护鸟员江赛娥、段庆县，巡护员段长喜、吴重阳，徒步在西源部分湖区巡护。上午7时27分，在协会集中，穿上套鞋，手戴巡护员袖章。7时35分，我们出发了，从塘口村水府庙出发，一直往北巡护。由于这时正值干旱，湖边滩涂干裂，没有长出嫩草，所以很多候鸟都嬉戏在浅滩之上。由于我们设备没有，全靠目测和手机拍照，实在效果不理想。我们一边巡护，一边观察着湖边的候鸟。它们拍打着翅膀，有的追逐着，有的飞舞着，有的站立着，有的畅游着，有的在觅食，有的在嬉戏，场面十分壮观。湖边候鸟有几只，几十只（分布在不同湖区）。在大源坑湿地发现一群豆雁，目测有200多只，它们都自由平安。

今天所巡护的区域候鸟自由平安。

从他"候鸟日记"中，我看到了段庆县守护候鸟，有一颗坚毅的心。他长期不懈、脚踏实地的护鸟、救助鸟，得到了西源及周边乡镇村民的认同。村民很支持他，给他提供力所能及的帮助。保护管理局在2017年，选择塘口村的一块空地，给救助协会建了救助场所，让受伤的候鸟及其他野生动物，有了家。

塘口村在鄱阳湖边，比邻长山岛，三面环湖，食物丰富，是冬候鸟最爱的栖息地之一。这里是段庆县的家，是查玉莲的家，也是冬候鸟的家。它们共家园。塘口村属于丘陵地带，湖水下降后，湿地和滩涂面积很大。因为候鸟多，巡护任务繁重，外来偷鸟的人也多。因为他们的守护，候鸟再也没有被人伤害。人鸟和谐相处，是他们的初心，也是他们的愿望。

比翼双飞·白鹤
叶学龄
摄

为了这个愿望,他们为此付出了我们难以想象的艰辛。我在村里的池塘,看到了秧鸡和白鹭,自由地觅食。"有望远镜就好了,可以把鸟看得更清晰一些。"段庆县说。

他很想有一副望远镜,他很想把眼中的每一只鸟,看得更清晰一些。这是他小小的念想,也是他十余年的念想。他不说,但我知道。

廖国良用镜头
讲述江西生态故事

宋雅倩

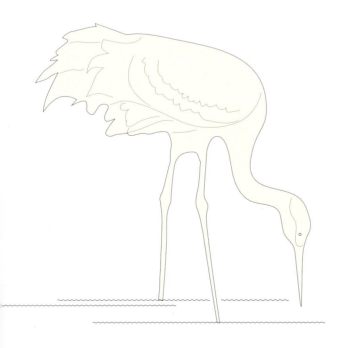

1839年8月19日，法国达盖尔和英国塔波特同时向世人宣布摄影术诞生。1989年，在摄影术诞生150周年之际，我省著名摄影家廖国良写下了《摄影——人类认识事物的第三只眼睛》一文，感慨摄影技术对人们生产生活所产生的巨大影响。如今，30年过去了，廖国良依然在摄影这条路上走着，并且一走就是近半个世纪。2019年，是摄影术诞生的第180个年头，我近日来到位于南昌市东湖区江西省文化遗产影像学会，听摄影家廖国良讲述他与摄影的故事。

摄影家廖国良于1953年出生于瑞金，现任江西省文化遗产影像学会会长，曾任《经济日报》江西记者站站长、高级记者、江西省人民政府参事、中国民俗摄影协会副会长、江西省摄影家协会副主席、江西省旅游摄影协会副会长、江西省爱鸟协会理事长等。

## 从一无所知到沉浸其中

见到廖国良的那一刻，我原本有些紧张的心情放松了下来，他虽然在江西新闻界威望颇高，却丝毫没有架子，穿着朴素，笑容可掬。说起过往摄影事业的种种，他就像在回忆昨天，历历在目，娓娓道来。

20世纪八九十年代，照相机属于奢侈品，在进入大学之前，廖国良对其一无所知。1974年，廖国良进入赣南师范专科学校（今赣南师范大学）物理系学习。那时，摄影并不是独立的专业，而是物理专业的一门基本课程。在没有摄影老师的情况下，他照着书籍摸索拍照技巧和胶片冲洗技术，渐渐沉浸其中。

1977年，廖国良毕业留校。那一年，学校开设了摄影课，他自编教材进行摄影教学并举办摄影展览，走上了摄影工作之路。那时，全省仅有两位从事摄影教学的老师，一位是当时江西大学的彭国平教授，另一位便是他。

## 一组照片决定摄影职业之路

白鹤
周海燕
摄

说起自己的摄影之路,廖国良至今难以忘怀的是《金水桥下救少女》这组照片。这组作品连获七个全国大奖,并入选第二十九届世界新闻摄影比赛。说着,他拿出存在手机里的这组照片展示给记者看,不无自豪地讲述了当年拍摄这组照片时的情形。

1984年的冬天,廖国良与瑞金县(现为瑞金市)妇联的工作人员到北京出差。工作之余,他们到各个景点参观。一天,他们在天安门城楼下的金水桥遇到一位姑娘意外落水。由于金水河两边是很高的砖墙,人们没法直接把她从水中救起,便像"猴子捞月"那样搭起了人梯,最终救起了那位姑娘。廖国良看到这一幕,立刻端起相机一连抓拍了8张照片,并当场采访了相关人员。随后,他迅速冲洗出照片,先后送到《北京晚报》《人民日报》进行发表。

当时有一名记者想以200元的高价(当时廖国良的月工资仅有42元)向他购买其中4张照片,但他拒绝了:"我的照片不卖,只发表。全中国有约10亿人,若每人受到的教育作用仅值1分钱,只要有1亿人看到这组照片,就等于向全国人民贡献了100万元的精神食粮,这才是它的价值。"

后来,这组作品不仅为廖国良带来了诸多荣誉,对其职业生涯也产生了重大影响。1986年,廖国良成为了《江西日报》的一名摄影记者;1992年,他又调任《经济日报》江西记者站站长。他说:"这组照片奠定了我的职业生涯,成就了现在的我。"

## 以"第三只眼睛"呼吁环保

廖国良有个特别的称号——"鸟头"。据了解,他得到这个称号有两个原因：2003年爆发的SARS在中国影响巨大，当时人们认为SARS由鸟类传播，而鄱阳湖是世界冬、夏候鸟的重要栖息地，时任江西省政府参事、中央新闻单位驻赣记者联合会会长的廖国良便牵头成立了江西省爱鸟协会并担任会长。

2005年，中国特有鸟东方白鹳在鄱阳县等地"定居"。但这种大型鸟类喜欢在高压线电塔上"安家"，严重影响了当地电力输送，电力公司不得不捅掉它们的巢。"电网有法律保护，珍稀候鸟也同样。"廖国良带领爱鸟协会和相关专家与电力公司多次协商，最终由国家电网拨款2000多万元在高压线上设置"鸟刺"，以防止东方白鹳在电塔上筑巢，从根源上解决了问题。

第二个原因则是他拍摄的几万张鸟类头部照片名气很大。他告诉记者，为了拍好这些鸟头细节，中国大部分动物园他都去过，还常常去野外。他说，鸟与人一样有表情，无论是求偶、交配、下蛋，都能从它们的眼睛和姿态中看出来。

廖国良说，摄影是人类的第三只"眼睛"，能最直观地反映事物变化。通过摄影，可以发现鸟类特性、生存环境变化，从而唤醒公众的环境保护意识。为此，他组织省内摄影家在十年间不断充实生态摄影作品，到各地进行展出。到婺源看白腿小隼、去象山观白鹭……在爱鸟协会的努力下，省内许多与鸟有关的地方都成为了著名景点。

## 用摄影传承文化遗产

2013年，廖国良以正高二级职称正式退休，他认为自己仍有余热可以发挥，便开始着手他生平的第五件事——用摄影传承文化遗产。

廖国良说："江西文化遗产十分丰富，值得更加深入地探索。"关于文化遗产，廖国良在之前并没有十分深入的研究，但他关注了中美联合进行的万年县仙人洞考古长达30年。2014年8月，《仙人洞与吊桶环》考古报告正式出版确认，

灰鹤 杨帆 摄

廖国良用镜头讲述江西生态故事

遗址中发现的 2 万年前的陶罐和 1.2 万年前的栽培稻令人震惊。更值得探究的是，万年县仙人洞是目前全世界所有考古当中唯一一处没有被人为和自然破坏的人类生活过的地层关系。这里以完整的地层关系记录了 2 万年来人类生活的轨迹和气候变化。

对此，廖国良打算利用自己的优势筹集资金、组织人员将之拍摄成一部纪录片——《万年文明的曙光》，宣传万年县仙人洞考古研究成果。

## 把兴趣作为"摄影老师"

江西省摄影家协会副主席、中国民俗摄影协会副会长、江西省旅游摄影协会副会长……廖国良在我省摄影界的地位由此可见一斑。

"学习摄影最好的老师便是兴趣，从 1974 年至今的数十年间，我对摄影的热情未减一分。"因为是记者，廖国良有更多的机会去往外地，虽然出差时间并不宽松，但他每到一个地方都要抽出一点时间去拍生态、拍民俗。

现在已经 66 岁的他，不久前刚刚花了 15 天时间辗转飞机、汽车、轮船到俄罗斯堪察加半岛的无人区拍摄棕熊。"以前爱到婺源去拍鸟，那时交通没有现在方便，不惜花费一整天驾车前往，甚至有时一年要去十几次。"他笑着说。

近段时间，廖国良又爱上了一个新的拍摄主题——从空中看世界。每次乘飞机，他总会选择大多数人都不爱坐的飞机尾部，只是为了更加方便地俯拍全世界。

# 驻足凝望

德安县林业局

袁隆平院士家乡德安县是个山清水秀地好地方，三面环山，东南角临近鄱阳湖滨。临近鄱阳湖的岗丘缓坡和博阳河两岸的河谷阶地，面积约135.5平方公里，占全县总面积的15.7%，紧邻鄱阳湖候鸟国家级自然保护区，为候鸟迁徙的重要通道，也分布着大量的珍贵野生动物。德安林业人义不容辞地承担起保护候鸟的光荣使命，潘赣就是其中一员。

## 湖区候鸟的"老相识"

潘赣，中共党员，1977年出生，德安人。2008年潘赣服从组织安排，调到县森林公安局工作，现担任德安县森林公安局治安刑侦队教导员。从警十多年来，他走遍了德安的山山水水，用不知疲倦的双腿为野生动物护航，用担当的双手为野生动物撑起一片自由的天空。

2019年5月5日中午13时，德安县局指挥中心接到市民电话报警称："有一只羽毛漂亮的'野鸡'停在街边的樟树上至少3天了，可能是受了伤"。潘赣接到指令后即刻赶到现场。在现场，潘赣看到"野鸡"站在一棵距地约8米的樟树上，任由下面围观群众如何吼叫，它自岿然不动。围观的群众说："这只鸟在这树上待了三天没动一下，是不是受伤了不能动？"

潘赣决定把这鸟弄下来为好，这样不吃不喝会出意外。但面对如此高度，一时不知如何是好。潘赣脑子一转：用升降车。他平时是一个体谅别人的人，可面对受困的"野鸡"，时值大中午，他硬是央求同学帮忙，请来了市政公司维护路灯的升降车。潘赣站在摇摇晃晃的狭小的升降机平台上，在高空近距离观察后发现，该鸟活动敏捷，没有明显的受伤情况。不知为何，看到潘赣靠近它，似乎并不感到害怕，只是本能的挣扎。

潘赣轻手轻脚地比划着要大鸟离开树干，反复多次，该鸟终于离开樟树自行飞落在地面。潘赣将该鸟带回后，经过资料比对和咨询有关专家，确认这只漂亮的大鸟为国家二级

驻足凝望

白鹭 叶学龄 摄

保护野生动物"白鹇"。

原来,白鹇是一种非常痴情的鸟,一般都是成双成对出现,如果有一只走散离开或死亡,另一只会一直在原地等候,甚至会为之殉情。经过仔细检查,白鹇没有任何不适和外伤,潘赣决定把白鹇放归到一个美丽的新环境去生活。第二天,确认白鹇无碍后,潘赣将它带到袁家山,在一片林木茂密的山场边放归大自然。飞出一段距离后,白鹇又朝着潘赣往回盘旋。潘赣的眼眶顿时湿润了,他知道这是白鹇在感谢他呢。他说,动物也是通人性的,它们也知道回报。

## 野保宣传的"老把式"

从事森林公安工作前,潘赣在乡镇担任过多年的宣传委员,积累了丰富的基层宣传工作经验。为增强林区群众保护野生动物的观念,潘赣带领民警经常进村入户宣传保护野生动物的法律法规,采取张贴标语、制作图片、现场宣讲等形式让群众耳濡目染。他联合县关工委,在其编撰的中、小学课外读物《可爱德安》中介绍生态保护知识。还利用无人机在林区、社区、农贸市场、森林公园空中广播"加强生态文明建设""珍惜和爱护野生动物""文明餐桌行动""拒绝食用野生动物"等内容。

2016年12月11日,潘赣与队里民警巡逻至宝塔乡梅桥村三组时,发现路边有鸟叫声。凭着多年从警经验,可能有人在捕鸟。潘赣吩咐大家赶紧分头查找,果不其然,一张捕鸟网架设在田坎上,忽然,"嗖"的一声一个人影往田里跑去。潘赣边喊边追,越喊小伙子跑得越快,潘赣追了好几块田才把小伙子追上。小伙累得气喘呼呼,说:"你跑得真快。"

小伙子姓杨,18岁,贵州省毕节地区苗族人,几个月前刚到德安县宝塔乡八一砖厂打工,平时看到老乡们没事就拿自己画眉鸟进行逗鸟,觉得很有乐趣。原来贵州有的少数民族人们有逗鸟的习俗,没事的时候,偶尔会有赌点酒喝、赌点烟抽，谁家的鸟，叫得最好听就算赢。潘赣知道这种情况后，断定砖厂的其他贵州人肯定捕获了不少画眉鸟。他迅速开车来到宝塔乡八一页岩砖厂，发现民工住的平房前挂着不少鸟笼，里面装着一只或两只大小不等的画眉鸟。他找到砖厂老板并召集所有贵州民工座谈，潘赣耐心地跟民工宣传法律知识及保护候鸟的重要性，并表示只要认识到位不予追究过往。民工们听后纷纷把鸟笼子里的画眉鸟放飞，并表示今后不再捕鸟。潘赣随即对全县所有砖厂进行了排查，边排查边宣传保护候鸟的重要性。为了防止死灰复燃，潘赣会不定期去砖厂进行巡逻检查，通过这种细致的工作，再也没有贵州民工捕鸟的情况发生。贵州民工说，潘赣这人厚道，不像是警察，我们要是再捕鸟的话，不光是法律不允许，也对不起潘民警。

## 捕猎分子的"老对头"

平时，潘赣做得最多的事，就是带领民警深入密林巡查野生动物栖息地。密林中时常暗藏着未知的风险，盗捕盗猎者设下的陷阱、夹具、绳套，甚至近万伏电压的电网，随时可能危及人的生命安全。

2019年6月初的一天，潘赣在一次下乡办案中，偶然听到几个人在谈论，说聂桥程某，到山上去寻找失踪的孙子时，被山上架设的电网击伤了，所幸无大碍，对方赔偿了几百元私了。潘赣听这消息后，立即向局主要领导进行了汇报。此时正是全国上下开展打击破坏野生动物资源犯罪专项行动时期，局里召开紧急会议并成立专案组，指令潘赣带人协助彭山派出所务必破获此案。经过调查取证，基本掌握了犯罪嫌疑人情况。犯罪嫌疑人叫龙某国，湖南人，在德安，做上门女婿，因其性格偏执，妻子吵架后离家打工，几年未归，他一个人带着一个读小学的女儿生活。

德安县森林公安局立案侦查，并依法传唤龙某国接受讯问，龙某国如实交代了伙同王某林、程某，非法猎捕野生动物的事实。当日,德安森林公安机关将其刑事拘留。潘赣想到龙某国一个人带着女儿生活,小女孩没人照顾很可怜,于是向局主要领导建议在合适的时候变更强制措施。谁知第二天,潘赣到看守所再次提讯龙某国时,其拒不交代同伙非法猎捕的犯罪事实,对前次的供述翻供,并扬言出来后要报复潘赣。可龙某国万万没想到,第二天王某林、程某主动到森林公安投案自首,如实交代了与龙某国一起架设电网猎捕野生动物的犯罪事实。鉴于其不认罪的表现,德安森林公安机关依法申请批准逮捕了龙某国。

今年以来,潘赣拆除非法捕猎候鸟的"天网"4处,缴获用于诱捕候鸟的电子诱鸟器两台。由于预防和宣传工作的扎实开展,德安境内没有发生破坏候鸟和湿地资源的重大案件。

潘赣有一个温馨而幸福的家,两个孩子,妻子是教师。潘赣说,他还不是和家人尽享天伦的时候。多少个深夜,他在默默坚守;多少次晚归,妻子在无声中担当。有多少次解救、多少次行动,又有多少只野生动物脱险,多少只鸟类从他温暖的手掌再次起飞,他自己也记不清楚了。他用埋头实干的精神,织就了一张保护越冬候鸟和湿地资源安全的"法网",为候鸟越冬提供了一个安全、祥和的环境。

# 白鹤似亲

舒国雷

## （一）

已经知天命的第四个年头了，青丝已变成白发，但他仍然不满足，每天雷打不动，凌晨 4 点起床。他自己到厨房，有啥吃啥，有时候是一碗泡饭，有时候是蛋炒饭，有时候随便煮个面。遇到时间紧了，他干脆饭都不吃了，骑个除了喇叭不响哪都响的摩托车，呼啦啦的就下湖去巡鸟了。

清晨的鄱阳湖，寒风阵阵。不过，眼前众鸟觅食的美景，让他心头暖烘烘的。刺骨的寒风在他脸上刮，他也愿意忍受。

他心里算着，还有 6 年，他退休了。昨天保护区里的同事，给他过了 54 岁的生日，他内心百感交集。他想，等退休了，自己也要像现在这样，亲近鸟儿，保护鸟儿。但他近期经常感觉到膝盖骨阵阵酸痛，自己也不知道还能这么风雨无阻地坚持多久。在鄱阳湖保护区工作 30 多年，他迎接了一批批的护鸟人，来到鄱阳湖、爱上鄱阳湖，最后因身体原因恋恋不舍地离开鄱阳湖。他发誓，要坚持到最后。

膝盖的伤痛，只有他自己知道。他没有跟爱人和孩子说过。他不想家人担心自己，也不想因此而影响了工作。他太爱这片土地上的精灵们。

他叫王小龙，一个忠诚于鄱阳湖的护鸟人。

## （二）

1965 年 6 月，他出生在鄱阳湖畔的小山村里，从小喝着鄱阳湖的湖水长大，血脉里流淌着鄱阳湖的基因。童年和少年的记忆全是鄱阳湖朝霞似海、残阳如血的美景。青春和热血，也全都交给了鄱阳湖这片他深爱的土地。

他本来有机会离开鄱阳湖，但他没走。

18 岁，他参军入伍，进入武警部队。他凭借着鄱阳湖淳朴实干的作风，很快便在部队崭露头角，及至退伍时，他荣立过两次三等功、多次受到部队嘉奖。

在部队四年，王小龙从一个毛头小崽子长成了一个身体壮

踏浪·灰鹤
雷小勇 摄

白鹤似亲

硕的青年小伙子。他原本可以继续留在部队。但他太爱鄱阳湖了，他从部队退役回到了故乡，成为了江西鄱阳湖国家级自然保护区的一分子。

这是他的幸运，也是他的归宿。

从踏进鄱阳湖保护区那一刻起，他一直守护着鄱阳湖，把越冬的白鹤当做自己的亲人来对待，甚至晚上做梦都是它们的影子。

他常说的话，当地老百姓也熟知，"保护好鄱阳湖的鸟儿，是我义不容辞的职责""我始终把党员的忠诚和信仰刻在心中，把使命和责任扛在肩上""我是一个老兵"。

初来保护区，大家还笑话他"摆谱""死作"，拿他的"金玉良言"开玩笑。但随着时间的推移，大家渐渐发现，他还"真不是说在嘴上闹着玩的"。慢慢的，大家也不再拿他开玩笑了，而是对他充满了敬意。

## （三）

1985年进入保护区工作，到现在已经35年了。这35年里，王小龙一直在保护的最前沿，认识了很多人，影响了很多人，也得罪了一部分人。

记忆最深刻的，是1992年冬天的一个凌晨，他正在湖区巡湖蹲点，突然发现湖泊中间，有灯光一闪一闪晃动。他凭着多年的经验，他判断，极有可能是有人正在湖泊中偷猎！

但那个"交通靠走，通信靠吼"的年代，镇里面连台程控电话都没有，他身边连自行车也没有。怎么办？他当即决定，披星戴月，跑步9公里，赶往管理局向上级报告。半路上，他还狠狠摔了一跤，留下永远无法消除的伤疤。警方迅速出击，当场查获涉案船只17艘，抓获涉案犯罪嫌疑人34名，收缴国家二级保护珍禽白额雁385只。收缴被捕杀的鸟类，布满了整个篮球场！

即使现在，他想起当年情景，他仍然感到阵阵的心痛。

从2000年以后，各级政府加大了保护力度，偷猎候鸟的行为越来越少，湖区环境也越来越好了。

王小龙终于不再需要为候鸟们的安危发愁了。他在保护候鸟的同时，还爱上了候鸟摄影。数年下来，他拍摄了上万张候鸟的靓影，留下了大量的视频资料。他说，以后，他要将所有资料和图片，全部无偿捐献给保护区。

## （四）

每年10月，王小龙魂牵梦萦的白鹤又要来鄱阳湖了。

每月10月至翌年3月，大批来自内蒙古大草原、东北沼泽和西伯利亚荒野的珍禽候鸟飞临鄱阳湖越冬。长腿的白鹤、白头鹤、灰鹤、白枕鹤、东方白鹳……短腿的大雁、野鸭、鹏鹛，等等，总数量可以达到60余万只。

白鹤是他的最爱。

除了名字，他对外的一切身份标识几乎都和白鹤有关——他甚至为自己取了一个笔名叫"白鹤使者"。他的微信名、QQ名也都是"白鹤使者"。

候鸟来了，是他最快乐的时候。

每天，他都要攀上吴城保护站20多米高的瞭望塔，用望远镜往候鸟聚集方位观察。然后，他出去巡湖，风雨无阻，呵护珍禽候鸟。他举目四望，可以看到数以万计的候鸟风采艳姿，享受着大自然的赐予和人类的保护，他无比幸福。

走进鄱阳湖，走进鹤的王国、候鸟的乐园，是王小龙最大的精神享受。为了深入了解鄱阳湖区域水鸟的种类、数量及分布情况，他日复一日地记录候鸟日志，跟踪记录候鸟的生活规律。为在比较偏僻的地方找到鸟儿，天没亮，他就出发，越洲涉水，艰难地行走在湖滩草地上，记录候鸟鸟儿们的来来往往，保护它们在鄱阳湖安全越冬。他巡湖时，口渴了，喝口凉开水；饿了，啃上几个馒头；累了，就在草地上躺一会儿，头枕草洲，仰望蓝天，心随鹤动。

1992年冬，王小龙到大湖池边巡护时，发现一只受伤的幼鹤在湖滩上挣扎。于是把它抱回站里，给它包扎了伤口，还买来小鱼和玉米来喂它。

经过一个多月的精心照料，幼鹤身上的伤口渐渐愈合了。他和幼鹤俨然成了形影不离的朋友。幼鹤跟着他上医院看病，他在前面走，鹤在后面跟，一前一后，真是"亲密"感人。也成了吴城街上最靓丽的一道风景，风光无限。

几个月后，小白鹤伤愈康复，此时，白鹤群北迁。尽管他和小白鹤依依不舍，但他还是亲手把这只小白鹤送回了大自然。遥望空中展翅飞翔的幼鹤，他的眼里满是泪水，但心里，却充满快慰。

时至今日，他常常会觉得，在鹤群中间，会有一只鹤在远方静静地看着他，就像久别重逢的朋友。一年一次，看一眼，也就足够了。有时候仰望天空飞过的鹤群，他也会常常感到，在头顶久久盘旋不肯离去的那只白鹤，很可能就是当年他救过的某一只。

具体是哪一只呢？他自己也迷糊了。因为进保护区33年来，他先后救护放飞了300多只。

## （五）

在湖区巡湖，危险也悄然而至。在一次巡湖途中，王小龙孤身一人，不慎滑进齐腰深的沼泽中，当时情况十分危险，幸好附近放牧的村民发现，及时赶来，把他救了起来。

他还被少数人骂。在30多年的巡湖查处打击偷捕盗猎犯罪活动中，他没少遭人戳脊梁骨。他是吴城人，猎鸟贼大多是吴城人。常有人指着鼻子骂他不顾乡亲情面，甚至有人当面威胁他，要"捅他几下"。

家里人曾一度抱怨他工作多事、得罪人，他理解家人。因为家人过得不踏实。也有人则劝他事不关己，高高挂起，少管闲事。可他想，只要是为了保护鄱阳湖生态环境，必须坚持。

王小龙带着自然保护区的相关法律法规，深入湖区的村庄、社区和学校，挨家挨户，甚至上船登艇，耐心细致向群众宣讲保护区政策法规，呼吁大家共同营造爱鸟护鸟生态文明的观念。

保护站驻扎在湖区，工作生活条件十分艰苦。候鸟一来，他往往两三个月不进家门。候鸟一走，也往往要半个月一个月才能

鹤群 周海燕 摄

回家一次。越是节假日,越得用心看护好湖区的候鸟,以防不法分子前往湖区盗猎。

三十多年来,逢年过节,他几乎年年是在湖区与候鸟共同度过的,对工作无怨无悔。

但夜深人静的时候,有时候也会情不自禁地感到内疚不安。是啊!他对家人付出的关爱太少太少。长时间不在家,对孩子读书、成长等方面,他却几乎没有尽到过父亲的责任,对爱人没有尽到做丈夫的职责。对长期卧病在床八旬有余的父亲也没有尽到做儿子的孝心。

今年1月8日,国际鹤类基金会主席乔治·阿基博先生一行,来到保护区考察鄱阳湖鸟类。当阿基博在一个湖泊一次性看到近2000只白鹤时,心情无比激动。阿基博紧紧握住他双手说:"谢谢你为鄱阳湖候鸟保护做的大量工作,这是江西的骄傲,全世界的骄傲。"

那一刻,王小龙,一个铁骨铮铮的硬汉,一个33年来在鄱阳湖吃了再多苦、再多亏也不吭一声的男人,泪如泉涌。

# 白鹤的中国妈妈

郭英荣 刘 飒

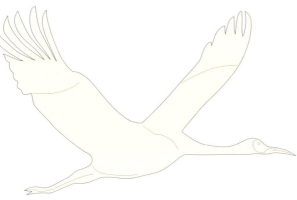

本篇故事的主角周海燕是江西卫视记者、国内著名的生态摄影师，知道她的人更喜欢叫她的网名"丫丫"。丫丫虽是一个女子，但穿上迷彩服，背起重达20余公斤的"长枪短炮"（摄影器材）跋涉在鄱阳湖泥滩中，丝毫不亚于男人。2016年冬，因为拍摄白鹤，她与白鹤结下了一段不解之缘。这个发生在鄱阳湖畔人与白鹤的温情故事传遍了海内外。

## 与五星垦殖场结缘

2012年冬季，与鄱阳湖一坝之隔的五星垦殖场的一片藕田里，一群不速之客悄然降临。只见它们陆续降落藕田后，先是四处探望，见无人打扰便拨开藕梗狼吞虎咽的啄食淤泥中的莲藕。待藕田主人发现时，丰收在望的藕田已被这群不请自来的"客人"吃成了"斑秃"。此后几年，白鹤的数量越来越多，由第一年的30只白鹤200多只灰鹤变成了至2016年的近2000只白鹤、3000多只小天鹅和数不清鸿雁等。近万只的候鸟将藕田当成免费食堂，藕农损失惨重、欲哭无泪，决定改种水稻。

2016年11月26日下午，丫丫站在藕田边，被眼前近2000只白鹤深深震撼。随着白鹤摄影作品的流传，"藕遇白鹤"传遍了中外生态摄影界和学术界。2017年初，国际鹤类基金会创始人乔治·阿基博也来到了白鹤藕田，面对在鹤类研究领域非常知名的专业人士，丫丫一口气抛出了好几个问题："白鹤为什么会出湖？""白鹤只吃这些莲藕会不会食性太单一？""会不会对它们以后的生长或者繁殖造成负面影响？"作为摄影师的丫丫这么关心白鹤，令阿基博博士很高兴："完全不用担心！白鹤从西伯利亚繁殖地往鄱阳湖的迁徙途中有很多的停歇地，摄取的食物种类在不断地变换，不会因为越冬地的食物单一造成太大的影响。相反，我们应该欣喜地看到，白鹤变'聪明'了，它知道寻找替代食物度过危机，这是物种进化的表现，这样才不至于灭绝。"对于白鹤为什么会出湖，阿基博说，一个地方吸引鸟类，无外乎两个因素，一是安全，二是食物。大湖肯定比村庄安全，那么剩下的应该就是食物，但这需要调查数据才能下结论。而在此流连多日的复旦大学陈家宽教授在得知藕农即将改种水稻之后对江西卫视的记者说："这些年鄱阳湖的生态环境发生了很大改变，白鹤出湖，对于江西生态保护来说，'成也萧何败也萧何'。做得好，可以利

白鹤降落
周海燕
摄

用五星打个翻身战，做得不好将是江西生态保护的一大败笔！"
丫丫将阿基博的解释和陈教授的话一一记在了心里。

## 一个"不务正业"的记者诞生了

一边是拖家带口万里迢迢而来亟须补充食物的白鹤，一边是连续五年因白鹤啄食莲藕损失惨重决定改种的藕农。陈家宽教授的深深叹息和海内外学者们及摄影师们的牵挂促使丫丫决定，不能看着这块白鹤藕田在眼前消失。

丫丫先向省市野保管理部门求救，得到的结果是：因为每

一笔资金都用于专项保护,立项需要过程,最快也要一两年。最主要的是,五星垦殖场的这片藕田根本不在某个保护区范围、而属于国家基本农田。在用地指标日趋紧张的南昌市郊,在基本农田里立项保护野生动物,所在地政府是否会支持?这可能是比资金短缺问题还大的难题。面对近2000只白鹤的未来,面对着嘶嘶鸣叫索要食物的幼鹤,丫丫觉得自己不能轻言放弃。为了弄清白鹤出湖的原因,丫丫找到了江西生态文明研究与促进会会长胡振鹏博士及江西省科学院戴年华研究员。正如乔治·阿基博推测的那样,白鹤出湖与食物有着紧密的关联性。白鹤在鄱阳湖的传统食物是苦草、马兰眼子菜等沉水植物的冬芽,2008年南方冰灾之后,鄱阳湖生态遭受重创,此后数年,鄱阳湖夏汛、冬汛不断,令这些沉水植物要么因水位太深无法进行光合作用而烂在湖底;要么是夏季得以正常生长,但冬汛令湖内水位太深,作为涉禽的白鹤无法进入深水区觅食。而2016年的水文资料显示,夏汛与冬汛同时发生,这就导致了包括白鹤在内的大量冬候鸟出湖,进入农田觅食。

2017年元月,丫丫带着藕田现场图片和文字资料走进了南昌市政府,向分管市领导反映白鹤藕田的情况,希望市政府能够出手留下这片白鹤越冬重要的食源地。然而,依旧是缺乏专项资金!

只有憋死的牛,没有憋死的汉,更难不倒铁了心要护着白鹤的女汉子丫丫。

## "留住白鹤行动"成功!

在得知丫丫向相关部门汇报未果之后,有摄影师提议,能否我们先凑钱给白鹤留下这块藕田再说?!"白鹤天堂"微信群热烈的讨论令丫丫顿觉醒悟!一周后,"留住白鹤行动"组成立!圈内得知消息的摄影师纷纷从全国各地通过微信或者银行将自己的爱心汇往南昌,其中最大的一笔为30万,出资最少的为2000元。怀揣着滚烫的爱心,丫丫泪流满面！

在省市野保局领导的陪同下，经过三轮谈判，"留住白鹤行动组"以每亩900元的价格签下了498亩藕田的租赁合同，而此时已是4月下旬。

被白鹤挖断的田埂需要整理，藕种得尽快栽种下去，可眼下距莲藕最佳栽种时间已经过去半个多月。丫丫一边委托小马从安徽调回工人在附近尽量搜集藕种，一边与伙伴们前往湖北找寻种源。到达湖北才发现，尽管当地种藕大户非常多，但是由于莲藕已进入出叶期，此时没有人愿意采取藕种，因为采取时碰断的藕芽会造成大幅度减产。从湖北连夜赶回五星后，丫丫不断地驾车在附近乡镇寻找藕塘，辗转打听各个小藕塘主人，至五月初终于落实了15万斤藕种。运输藕种期间，正是当地早稻抛秧时节，当天运来的2万多斤藕种全部堆在转运藕种的水沟边上。5月上旬南昌的气温已达34摄氏度左右，用手触碰藕种已经温热，在这种天气下，刚出水的藕芽经过几小时的暴晒将会全部变质腐烂。在附近找不到工人的情况下，上午9点，丫丫只有自己动手，先将藕种全部转移至运送藕种的水沟，再将水沟里的藕种小心翼翼的推散开，保证每节藕种全部接触到水面。两万多斤的藕种，烈日下穿着闷热的水裤不断地重复着相同的动作，至下午2点多钟，一阵眩晕，丫丫跌坐在水沟里，遮阳帽蘸着泥水贴在脸上，眼睛无法睁开，而随着温热的水流进水裤，她的泪水也流了下来。

全球98%的白鹤来鄱阳湖越冬，丫丫想，它们在西伯利亚时肯定对自己的孩子说，天气冷了，我们要去南方了，那里的气候温暖，那里有丰富的食物，你们将在那里继续成长。想着这次行动承载着白鹤的期望、承载着所有爱心人士的寄望，丫丫索性扔掉帽子、撸起袖子，再次斗志昂扬，她的眼前浮现出一幅画面：秋风起时，这些孩子们回来的时候，这里将有一大片不被打扰的食堂等着它们。它们在波光粼粼的水面轻舞欢唱，那该是一幅多美的画卷！

整整15天，丫丫带着工人清理出了500米长送藕的水沟、加宽了3400米的田埂，建了水位控制系统，栽种了15万斤藕种。藕种抢种下去之后，又移栽了11颗大树、栽种了1600株芦苇、打了320根木桩留作固定观鸟棚。共调动大型水陆、250型、150型等挖机39个班次。初夏的南昌已经酷热难耐，农田里的滋味就更不好受，下有水汽蒸腾，上有烈日炙烤，空旷的田野无处躲藏，遮阳帽都能拧出水来。一段时间下来，乡亲们已不再用异样的眼光看着她这个城里来的女人，他们说：丫丫好能吃苦，乡下女人不愿做的事她都能做得下来。莲藕栽种完毕，这个曾经手握话筒的江西卫视记者已经变成了与农民打成一片、每日一身泥水的周黑丫。

2017年11月14日清早，丫丫突然接到住在藕田边的农户打来电话：丫丫，白鹤回来了，白鹤落下来了！

当看到第一批到达的一家三口在藕田里放松地进食的时候，丫丫再次泪如雨下，所有的辛劳与委屈都化成了抚慰。丫丫与它们仅隔着一道沟渠，相距不过百米。当丫丫像看着孩子一样看着白鹤的时候，"孩子们"也不时地注视着丫丫，丝毫没有"见外"。

这一个白鹤季，在江西省野保局的两次同步调查中，五星白鹤保护小区的白鹤数量都是当年越冬白鹤最大种群，8%的成幼比远高于主湖区的3%！峰值时期，五星白鹤保护小区为1426只白鹤提供了越冬食物、接待了至少23个国家的科研及观鸟人士。一位德国专家请翻译告诉丫丫，这次南昌之行，他看到了爱鸟如子的中国普通老百姓，中国人了不起！来自西班牙的生态专家、出版了《世界鸟类画册》的猞猁出版社创始人兼主编约瑟夫·奥约在五星拍摄白鹤后也将丫丫与白鹤的故事写进了书里。

与外宾们一致赞扬与敬佩相反，南昌本地有些摄影师却认为，大湖里不缺白鹤的食物，租田种藕纯属多此一举。有些人甚至觉得，丫丫这么做只是为了出风头。渐渐地，一些传言变成了丫丫在鄱阳湖圈养白鹤、给白鹤投喂转基因玉米。终日忙于接待和监测的丫丫没有时间理会这些声音，她知道自己在做

韵奏吉祥
叶学龄 摄

什么。但是当白鹤北迁后又要开始新一年的栽种和支付地租时，丫丫发现很多人因为流言不再参与众筹了，因为有些不了解真相的人觉得，还是本地摄影师最了解五星白鹤的情况，不愿"助纣为虐"地帮助丫丫"残害白鹤、破坏鄱阳湖生态"。时间紧迫，为了及时地把藕种栽下去，丫丫卖掉了留给儿子结婚用的房子。

2018年11月底，藕田里的莲藕在丫丫的精心管理下，长势明显好于去年。就在丫丫掰着手指头算着白鹤回家的日子的时候，与白鹤藕田相隔一道田埂的芡实田突然调来了7条柴油船开始打捞芡实。隆隆的马达声加上船只排出来的废气，令路过此地的人都快速离去。藕田里的小白鹭、黑水鸡都四散奔逃不见踪迹。

丫丫看着辛苦了一年为白鹤精心准备的"家"，心像被掏

空了。就在这时,各种议论纷至沓来,更为离奇的是,居然有人向中国绿发会和丫丫所在单位江西电视台进行实名举报,罗列了丫丫"破坏鄱阳湖越冬候鸟生态环境""给白鹤喂食转基因玉米"等"罪名"。丫丫知道以后,非常愤怒,她可以接受不同的意见、也可以接受监督,但没有一条举报内容与事实相符的诬告令人愤怒! 2018年年底,阿拉善SEE一位发起会员趁着参加阿拉善鄱阳湖项目中心成立大会的机会,提前一天从上海来到南昌,他要专门请丫丫吃顿饭。原来,这位会亲于先生近期在与丫丫联系的时候,敏锐地捕捉到丫丫已经"萌生了退意"。在餐厅刚一落座,望着眼泪在眼眶里打转的丫丫,在圈内素有"响马"之称的于老师直截了当地说:什么坎儿让你过不去了?想哭就哭出来,没什么丢人的! 望着仗义的于先生,丫丫的泪水像决了堤的洪水喷涌而出。待丫丫差不多倒完了苦水,于先生便讲起了刘小光、冯仑等企业家在创立阿拉善SEE基金会时也遭遇过的误解与委屈。最后,于老师双手重重地拍着丫丫的双肩说道,你丫丫在我心目中是高尔基的海燕,你是那个站在鄱阳湖畔面对汹涌浪涛高喊着让暴风雨来得更猛烈些的那个海燕。白鹤需要你,你不能撤退!

于老师的鼓励让丫丫冷却的心重新燃起了希望,但是对于白鹤没有如期回归,丫丫决定还是向国内外的专家们请教,这块白鹤藕田到底有没有保存下来的必要。省内、国内的知名专家都给出了一致的意见,白鹤需要这块藕田! 连远在美国的乔治阿基博博士也发来邮件,如果能够坚持下去,希望为白鹤留下这块至关重要的食源地。而北京林业大学郭玉民教授则说,从2012年至今,白鹤连续六年选择了这块地方,概率是6∶1,今年白鹤没回来的原因是多方面的。但是白鹤需要这个避难所,过去几年已经明确显示出了这块藕田对于白鹤的重要性!

当丫丫再次重鼓信心准备砸锅卖铁的建设白鹤家园的时候,又一个打击接踵而来! 2019年元月中旬,在郭玉民教授的牵头下,五星白鹤保护小区与白鹤繁殖地俄罗斯科学院西伯利亚分院、白鹤越夏地蒙古国东方鸟类保护管理局等中外六家科研保护机构签订了《国际白鹤研究与保护合作备忘录》，签字仪式上，江西省人大和江西省林业局的领导到会表示祝贺并致辞，同时也来了不少新闻媒体。可是没几天，有位参会的记者却写出了与此次活动毫无关联的负面新闻。文中无一例外地把到会几位专家的观点要么移花接木、要么无中生有的加以"引用"。这篇文章把当初的"留住白鹤行动"歪曲成了"为了拍摄白鹤而引鹤、留鹤怀有私利的行为，结果白鹤用实际行动表示不喜欢区区几百亩藕田的'小房子'"；文章还将邵民勤教授论文中文阐述因现场无人管理导致摄影师的行为干扰了白鹤的时间延后了一年，算到了丫丫的头上；又将郭玉民教授盛赞留住白鹤行动的义举提前一年变成了表扬藕农。这篇文章的作者当初那么认真地请求丫丫帮她搜集专家的论文，却是为了"创作"出这样的文章，令丫丫很是受伤！

这篇负面新闻被不少媒体转载，巨大的压力瞬间浇灭了丫丫正在筹办俄罗斯国际摄影展的热情。尽管新闻中被"采访"的专家们纷纷表示愤慨，用各种形式谴责记者，但作为一家省级主流媒体如此刻意歪曲的报道，丫丫的情绪跌倒了谷底。当丫丫拖着疲惫的身体回到家里的时候，同时看到这篇报道年近八旬的老父亲流着眼泪劝说丫丫不要再"多白鹤的事"了；老母亲也责怪丫丫白鹤比儿子都亲，做了两年的藕农，伤了腿、伤了手，风餐露宿的老了不止10岁，都为白鹤魔怔了。面对两位80岁老人的哀求与埋怨，丫丫的情绪瞬间失控，躲到自己的房间里委屈的放声大哭。远在美国为五星白鹤筹款的美籍华人摄影师梅慈敏看到了这篇报道后义愤填膺，她通过上海的同学辗转找到了江西省委宣传部的领导，痛诉该名记者的失实报道并表示要追究该名记者的责任。尽管该报在核实后迅速撤稿，但是经历这么多不公平对待的丫丫还是准备停止筹办摄影展、退掉藕田回归自己正常的生活。已经跟踪了这块藕田长达7年的中动协志愿者协会江西负责人王榄华得知情况后，力劝丫丫不能放弃。见劝说无果，王榄华赶紧向郭玉民教授汇报丫丫的情况，郭教授立即打来电话，他并没有马上劝阻丫丫放弃藕田，只是希望丫丫能接受他的建议，暂时放下心中所有的不快，把俄罗斯的《大美鄱阳湖生态摄影展》当做一次散心的旅行。然后希望丫丫能接受俄罗斯科学院的邀请前往西伯利亚，去看看白鹤出生的地方。这个建议最终说服了丫丫。

## 西伯利亚鹤的中国妈妈来了

2019年6月，丫丫带着精心挑选体现鄱阳湖生态保护成果的160幅摄影作品，前往白鹤繁殖地——俄罗斯联邦萨哈（雅库特）共和国首府雅库茨克，丫丫一行在当地受到了社会各界的热烈欢迎。原来白鹤不仅是萨哈雅库特共和国的国鸟，俄罗斯人民还认为，在卫国战争中牺牲的英雄们化身成了白鹤，而不朽军团的LOGO正是两只飞翔的白鹤。摄影展当天，俄罗斯外交部长和生态部长不仅参加了开幕式并致辞，还转交了萨哈雅库特领导人艾先尼古拉耶夫先生写给丫丫的感谢信。当主持人介绍俄罗斯最早研究白鹤，已经95岁高龄的专家Nikita Solomonov先生也到场祝贺的时候，丫丫再看着身边年仅23岁立志要终身奉献给白鹤研究事业的北京林业大学研究生高铭，感动的泪水夺眶而出。这一刻，丫丫决定，不做小麻雀，还是应该做那只迎着暴风雨勇敢出击的海燕！

当躲在人群中的郭玉民教授看到丫丫脸上坚毅的神情，也露出了会心的笑容。

## 探秘西伯利亚

开幕式的第二天，丫丫一行人辗转到达了位于北极圈的白鹤繁殖地，丫丫想看看这些"孩子们"的出生地。作为生态摄影师，她还想能够亲自记录到白鹤孵化过程，并将所有影像资料提供给中俄双方的科研人员。俄方研究员英格尔告诉丫丫，人类的活动导致北极冰盖加速融化，气候极端。白鹤从中国回到西伯利亚繁殖地时，要么面对皑皑白雪无法找到自己的旧巢、要么融冰导致水位上升冲走了白鹤原来的家。而种群数量不断

快乐的舞蹈
周海燕
摄

白鹤的中国妈妈

提高的沙丘鹤,也经常因"鹤多势众"而上演"鸠占鹊巢"的戏码,侵占白鹤的巢。即便它们能顺利回家,白鹤在繁殖的过程中也会遭遇多重考验。首先它们必须寸步不离地守护在巢里,否则鹤卵将成为棕熊、北极狐甚至其他鸟类的营养品。经过千辛万苦的孵化,当幼鹤出生的时候,仍然会面临诸多的危险,比如北极圈内其他动物的掠食或者因为极端气候导致幼鹤死亡以及食源不足造成的威胁。

北极圈的22天,丫丫和团队成员克服了常人难以想象的困难。夏季的北极圈是极昼时期,只能靠温度来判断是白天还是晚上。清晨出去要穿防寒服,但是到了中午,热的脱得只剩短袖。

西伯利亚的风甚是狂野,头发打在脸上都生疼;好不容易盼来了无风的天气,人一出帐篷,转眼就会被蚊虫淹没。除了要面对每天高达近40摄氏度的温差,一天三顿啃食用锯刀锯开的面包也不是一件轻松的事。为了防止剩下的面包被风吹得更硬,厨师用塑料袋将面包紧紧扎住。但是仅过了几天,面包上就出现了星星点点的绿霉。没有选择,大家只能打趣的自我安慰,这不是黄霉、不会致癌。

到达苔原地的第六天,根据白鹤在巢中的情况来看,是时候该进入事先放好的摄影棚了。丫丫身上背负着近20

公斤的摄影装备，身后用塑料盆拖着水裤、防潮垫、睡袋和10天的补给。在英格尔的千叮咛万嘱咐中，丫丫像英雄出征一样离开营地前往拍摄区。

为了移动方便加上最大限度地降低对白鹤的干扰，改装后的伪装帐篷高度为1.5米，长和宽分别是1.2米。这对于身高1.7米的丫丫来说，两周的时间在这么狭小的空间里度过一日冬夏、解决吃喝拉撒，显然是个巨大的挑战。随着白鹤适应帐篷的程度，拍摄距离越来越近，一个新的问题出现了。为了防止北极狐等动物偷食鹤卵，白鹤通常都选择在湿地营巢，以衔取的树枝做底，上面再铺上柔软的草。这片湿地的水深大约有40公分，携带的矮凳高度不够，丫丫只有将防潮垫折叠多层后垫在凳子上。人勉强坐下来了，但不敢"轻举妄动"。有时为了跟拍飞起的白鹤需要变换角度，一个转身膝盖就湿了。丫丫趁中午气温高，折腾了半天终于在帐篷里穿上了水裤，尽管不停变换坐姿甚至跪着，可是坐到水里没有半个小时，屁股和膝盖就冻麻了。因为北极苔原地是永久冻土层，尽管面上的冰融化了，但是底下冰层透上来的寒意无法阻挡。

丫丫在这样的环境中无法睡觉，实在太困了，只能坐在椅子上眯一会，但是身体一放松，交叉抱在胸前的双手散开后就会掉进水里。如此反复几次，两只袖子湿了大半截。为了保证睡眠，丫丫用事先预备的锁扣扎带将一双手腕捆在一起，然后再将手腕挂在镜头上勉强睡会儿。第四天早晨，丫丫被夹在帐篷顶的对讲机警报声惊醒，当丫丫活动好发麻的双手取下对讲机时才知道，一只棕熊幼崽刚刚离去。而棕熊惊飞了白鹤之后，贼鸥趁机袭击了鹤巢，这窝白鹤繁殖失败！

尽管没有按预期效果完成拍摄计划，但在西伯利亚的22天里，让丫丫深刻地感受到了白鹤生命延续的艰难。

萨哈雅库特领导人艾先尼古拉耶夫先生在得知丫丫于7月8日回到雅库茨克后，特意安排在9日携夫人和女儿前来观看摄影展。当了解到江西省出台了主要惠及白鹤的《江西省鄱阳湖国家重要湿地生态效益补偿资金管理办法》后，艾先尼古拉耶夫先生和夫人大为感动。

回到南昌后不久的一天，丫丫突然接到了一封来自俄罗斯的快递。原来艾先尼古拉耶夫先生被江西人民爱鹤、护鹤的热情所感动，为了表达对江西人民的感谢，他给江西省委书记刘奇写了一封致敬信，感谢江西人民为保护白鹤做出的努力，委托丫丫转交。2019国际观鸟周组委会也向萨哈雅库特领导人发出了邀请。正如艾先尼古拉耶夫先生在感谢信中所说，白鹤已经成为了连接中俄人民友谊的纽带。

丫丫是双鱼座的女人，感性的她时常会有一些出其不意的想法。关于理想，丫丫说，她心里一直存有的应该是梦想。首先她希望五星的白鹤藕田能在政府的帮助下扩大些面积，每次看到它们（白鹤）为了争食打架和小鹤嘶鸣着讨要不多的食物时，心里都很难受；希望能还原广不及半亩的浴仙池，因为那里有羽衣仙女的传说，那是江西的白鹤文化；另外还有一个梦想，那就是希望有一天能在北极圈的苔原地出现一个飘扬着五星红旗、以"鄱阳湖"命名的科考站。希望科学家们在北极圈做白鹤研究的时候能有一个遮风避雨的港湾，令血肉之躯不再遭受西伯利亚酷热严寒的侵袭和不时出没的棕熊的威胁！

关于自己，她说，如果能实现上述两个梦想，人生就完美了！

丫丫的故事感动了大洋彼岸的美洲鹤保护联盟主席南希·梅丽尔，她曾经哽咽着对媒体说，丫丫的故事很美好、很温暖、令人感动，通过丫丫的故事让她了解到，在中国，个人也可以实现自己的梦想与人生价值。而国际鹤类基金会创始人乔治·阿奇博在今年春季来鄱阳湖考察时对媒体说，丫丫将自己不多的积蓄全部投入进来与白鹤一起抗争，若干年后，当白鹤种群的数量提高的时候，人们会发现，丫丫是个英雄！而俄罗斯媒体则全部称丫丫是西伯利亚鹤的中国妈妈！

# 南矶的守候

洪忠佩

## （一）

哪是太子河呢？

即便站在黄湖大堤上，我还没有发现阻隔黄湖与南矶山的太子河，更不用说那赣江注入鄱阳湖后，流速变缓，泥沙淤积而形成的湖汊草洲了。丰盈、舒缓、浩渺、壮观，是鄱阳湖南矶山湖区逐渐呈现在眼前的面目。倘若，没有天空的云朵，以及湖中的芦苇，湖面水泱泱的，远方也看不到交际线，满目俨如一片虚空。

夏日的阳光，白乎乎的，显得有几分毒辣，迎面的湖风也无法消解头顶的灼热。刚刚吹皱的湖面，一下子就摊平了，芦苇摇曳的碎影也开始在湖面上复原。芦苇露在湖面上，矮的只有一尺的样子，高的足有一人多高，而芦苇秆上呢，像枯了似的，只有梢上张着几片绿叶。在芦苇边，叶鞘肥厚成片倒伏的是菰。这时，湖水是柔软的，时间也是柔软的，那湖水与芦苇依偎缠绵的样子，不管不顾的，倒是超然。偶尔，有夏留鸟像是对湖面与天空留白的一种点缀，从芦苇荡中扑棱棱地掠过湖面。不远处，还有池鹭在叼鱼。无论是怎样去追随，似乎我的眼睛已经不够用了。

真正亲近鄱阳湖湖区，我已经坐在了段漠山开往南矶湿地国家级自然保护区南山管理站的巡逻艇上。段漠山有一手绝活，他不用借助导航等辅助设备，凭双眼就能够在无边的湖面上航行。问题是，看似平静的湖面，水底到处都是水草、渔网，稍有不慎，就会缠绕到螺旋桨。一旦，水草或渔网缠绕到螺旋桨，后果不堪设想。然而，段漠山却胸有成竹，他对航行的湖面应是了然于心的。巡逻艇犁开湖面，一转一绕，视野就开阔了起来。约莫过了一刻钟的样子，就在湖区与标记"赣鄱明珠岛、大美南矶山"的游艇擦肩而过。

许是天气太热，或是错过了渔民的收网时间，湖上渔船三三两两的，稀疏、寥落。渔船，木质的，瘦长、细小，而商家收鱼的大船却是铁质机动的，已经开到了湖心，

回春曲·鄱阳湖
李哲民 摄

也就是说，渔民不用靠岸，鱼获直接就被商家收走了。

只有鄱阳湖湖区的鱼品质好，才会这样抢手。据说在鄱阳湖，湖水煮湖鱼是至味，可惜我至今无缘，还没有这样的口福。

欸乃一声，渔民的木船在前方湖面上悠悠地行进，不知他们的木橹会把日子摇成多少涟漪。

泊岸的地方是柏杨路，似乎与码头沾不上边。贝壳、螺蛳、草屑，还有苇秆，分明都是湖水荡到岸边的。湖水荡过

家园初冬·鄱阳湖
李哲民
摄

岸边裸露的红土，一隙一隙的，像蚯蚓爬过的痕迹。南山站的大门，正朝柏杨路，门口分别挂着鄱阳湖南矶湿地国家级自然保护区和江西师范大学地理与环境学院、南昌大学流域生态学研究所"实践教学基地"的牌子。院内呢，雨棚里停着气垫船，以及准备去立的铁质的界碑牌。雨衣、下水裤，是南山站每一位巡护员的标配，成排地挂在办公室门口的墙上，一副随时待命巡护的样子。

## （二）

南山，是《诗经》中那个"节彼南山，维石岩岩"的南山吗？当然不是。然而，却与陶潜"悠然见南山"的意境颇为相通，丰水期完全是与世隔绝的岛屿，四面环湖生发万千气象。事实上，南矶山是南山与矶山的合称，形似一只振翅欲飞的凤凰。在历史的长河里，南山人以捕鱼耕种为生，矶山人却以打石为主——采下当地的"红石"卖给附近的村庄建庙筑屋，而捕鱼只是副业。当地人捕鱼的工具可谓五花八

门：丝网、扒网、脚网、铜钩、铁钩、滚钩，等等。捕鱼的方法除了布网之外，当然离不开摸鱼与"堑秋湖"了。堑秋湖是鄱阳湖湖区捕鱼的一大景观，趁秋天湖水下退，在湖口堑上竹箔，挂上网袋就可以拦鱼收鱼了。

再往前去追溯，南矶山还是元朝末年朱元璋在鄱阳湖大战陈友谅的水军基地。还有，在历史上的鄱阳湖湖区，有湖水就是渔民生活的过往，湖上就是渔民流动的家。

作为一位访客，我去追寻这些宛如云烟的历史，就像追寻湖面上漾起的波纹，一波推着一波，一波又覆盖着一波。想想也是，别说历史的云烟了，就当下南矶湿地国家级自然保护区 3.33 万公顷的总面积，仅核心区就有 2000 公顷，我的目力无法一下子企及。何况，这里还是东亚—澳大利亚水鸟迁飞区，已经成为水鸟重要的越冬地——每年越冬与过境的水鸟有 90 余种、8 万多只，占了鄱阳湖候鸟总数的一大半。

好在，我到南矶山还处于鄱阳湖丰水期，虽然没有机会去目睹堑秋湖与候鸟迁飞的生动场景，却得益于工程师郭恢财对堑秋湖，以及南矶自然保护区在候鸟保护上许多做法的讲述。郭恢财干练、直率、健谈，十年前从南昌大学硕士研究生毕业后，一直在鄱阳湖南矶湿地国家级自然保护区管理局工作，他对保护区自然资源与候鸟保护的做法，可谓如数家珍，算得上是一个能够把自然保护的概念融合、注释到南山站的每一项具体工作中的人。

在鄱阳湖湖区，丰水期展现万千气象，枯水期湖汊草滩毕现，鱼鸟之间争水争滩，矛盾逐渐显现是前些年不争的事实。问题是，渔民靠湖吃湖，以养鱼、捕鱼为生，而保护区呢，要的是保护和发挥生态服务功能，营造安全的候鸟栖息环境。要想妥帖地把这些事做好，南山站保护候鸟采取了许多办法，进行了多种叙事方式。譬如利用"中央财政湿地补贴项目"的政策、资金，采取"点鸟奖湖""权属流转""协议管湖""以田补湖""阵地前移""立体监管"等模式，把保护候鸟的阵地前移。一件一件地梳理开来，一事一议，既直面现实，又卓有成效，等于一一把困扰在保护区与渔民之间的那层藩篱拆除了，同时给候鸟保护上了好几道"保险"。想想也是，就保护区与渔民而言，只要认识与理解上没有差异，利益上没有冲突，共同从保护与可持续发展的角度去考量，所有的问题都会迎刃而解。

候鸟，是流动、飞翔的，能数得清吗？

恐怕，在赣江与鄱阳湖湖区的过渡地带冒着寒风去数鸟，要比夜晚数星星还难。然而，电子计数器在数鸟中派上了大用场。独辟蹊径，一组组的监测数据，一次次的理解认同，并非是突发奇想这么简单。往往，我觉得好奇的事，在南山站工作人员眼里已经习以为常。"点鸟奖湖——鸟越多、奖越多"，几乎成了近几年南山站与南矶山渔民的口头禅。休渔、流转湖泊，延缓推迟各个子湖泊排水时间，以田补湖补充候鸟觅食地……所有这些都是为了候鸟腾出栖息地。

这样一想，那湖中汩汩而淌的，已经不是湖水了，而是对候鸟的爱。如果要用一个词汇来概括这些，我会毫不犹豫地选择——和美。

事实上，每年鄱阳湖的湖水退去之后，湖汊草滩也不是一成不变的。这是湖水长时间浸泡的结果。况且，从地理位置上看，南矶山湿地保护区处在鄱阳湖湖区的中间地带，许多地方等于是处在3市15县（区）交界的"插花地带"，候鸟保护真的可谓是"任重道远"。似乎，我在郭恢财的讲述中看到了候鸟重点栖息区域那5个季节性保护点：帐篷、架子床、雨衣、水裤、望远镜，简陋、实用。巡护员呢，每一次上路都必须带足十几天的粮食。面对《巡护员一天》的图录，他略有所思地告诉我，持续干旱、极低温度、持续洪涝、非法围垦、湿地种树、过度捕捞，所有这些都是鄱阳湖湖区将面临的威胁，稍有偏差，对候鸟家园所带来的都是灾难。

## (三)

是偶然巧合？

出乎意料的是，驾驶巡逻艇的段漠山竟然是南山站巡护队的队长。

在南山站，"双肩挑"是指一个人能做两个人的事，段漠山就是其中之一。他长得敦实，皮肤黝黑，说起话来也推心置腹：2013年到南山站应聘巡护员时，是有私心的。当时，他刚刚结婚，妻子在卫生院做护士，是想等生了孩子再出去打工。

是的，不可否认，段漠山是一个居家过日子的人，早年跟着父亲捕鱼，后来在外地做钳工，有这样的想头也正常。何况，他哥哥结婚十多年一直没有生育。那个时候，段漠山最怕父母投来期盼而急切的眼神。

段漠山的家住在南矶山乡红卫村，离南山站只有3公里左右的路程。在他的印象里，父老乡亲说起随处可见的候鸟是有绰号的，比如东方白鹳叫"老鹳"，灰鹤称"灵鸡"，斑嘴鸭唤作"对鸭"，等等。这，应是村民对候鸟熟络之后的一种昵称吧……到了南山站，段漠山才知道当巡护员在枯水期不仅每天要走30公里左右的泥泞路程，要去的地方，大部分是草滩泥潭，甚至还有沼泽地，而随时还要应对途中的突发情况：

2015年1月的一天，气温骤降，一只小天鹅的卫星跟踪器在神宕湖失去了信号。那是一片由杂草与淤泥，还有湖水混合的沼泽地。100米左右的距离，段漠山耗时30分钟才靠近目标，那情形与匍匐蠕动没有什么两样。

2017年1月中旬的一个下午，段漠山接到群众举报，说是都昌与鄱阳两县交界的区域有疑似偷猎者。他与同事潜志毅、曾冯磊一起，冒着零下1摄氏度的低温去湖区排查，路上又遇到气垫船出现故障。天黑了，他们只能背着睡袋往回赶。

2018年12月27日,段漠山与队友邱朋飞、万仁清在余干与新建交界处巡逻,发现有二男一女神态异常,结果在他们的蛇皮袋里检查出高毒农药呋喃丹,以及绿翅鸭、苍鹭等。

……

尽管,一个个闪现的场景,几乎都是悲剧性的事,段漠山和他的队友都必须去面对。

冬天的湖区,满地看去像一个硬皮壳,若是皮壳破了,一米八的拖拉机轮胎都会陷下去一大半。有的地带,即便是

东方白鹳
杨帆 摄

履带运输车也无济于事。对于段漠山而言,最为可怕的还是鲜为人知的沼泽地。通常,他在沼泽地里行走,除了处处面临着暗藏的陷阱,身体消耗的体能不亚于在没膝的雪地里行走。在外人看来,段漠山的工作是枯燥无趣的。而段漠山却不这样认为,他觉得鸟是生灵,因为热爱,心中就多了想象的天空与翅膀。反而,觉得工作久了,能够与候鸟相伴,不失为一件快乐的事。

选择做巡护员,又当上巡护队队长,段漠山是需要勇气的——他是土生土长的本地人,意味着比其他人在日常工作

中要做得更加无私；再者，他要惦记与操心的事也会更多。慰心的是，巡护员还有一个属于自己的节日——世界巡护员日。每年的7月31日，这是一个由世界巡护员联盟发起并设立的节日。

（四）

"吉，吉，吉呀……"

段漠山的手机铃声是自己录制储存"鸟的集合令"。在他的手机里，先后录制储存了小天鹅、丹顶鹤、东方白鹳等117种鸟的叫声。想来，这真是一个令人诧异而咋舌的数字。此前，我看过好友程政拍摄《斑鸠的爱》的一段视频，他不愧是摄影家，把一对斑鸠亲嘴，然后雄鸟拍着翅膀跃上雌鸟背上进行交配的过程都拍摄了下来。虽然播放的视频只有精彩的几秒钟，那却是他多次拍摄剪辑而成的结果。然而，段漠山这么多鸟的叫声，都是在没有任何专业设备的情况下录制的。段漠山的微信昵称是"船长"，在他发的视频与图片里，我不仅看到了发情期的斑背大尾莺与变异的理氏鹨，还发现他已是两个孩子的父亲了。

似乎，只要一坐下来谈鸟，段漠山和他的巡护队的队友话语就多了：通俗地说，嘴巴尖个体大的鸟就是重点保护的对象，像鹳、鹤、小天鹅，都在此列。还有，谁与万松贤站长一起做了水鸟统计调查，谁与谁参与了国际鹤类基金会组织的南矶山湿地保护区乡村观鸟导游培训，又有谁与谁去周边学校开展候鸟科普宣传了……看得出，他们对候鸟的热爱是渗到了骨子里的。俗话说，铁打的营盘流水的兵。像前面段漠山提到的潜志毅、曾冯磊都已经转行了，又有新的队员加入了进来。段漠山感到欣慰的是，不管巡护路上多么艰辛，他还没有见到一位队友是消极怠工的。

巡护员的日子是庸常的，琐碎的。往往，越是平常的工作，越是容易忽略的。好几次，我禁不住问他们同一个话题，那就是巡护工作中记忆最深的是什么。没想到，一个个回答都各有各的答案。有的说是巡护、拖船；有的说是夜间巡查；也有说是科研监测、生物量监测、浮游低栖监测……趁他们聊得兴起时，我一一记下了他们的名字：杨昌、涂凯轮、万仁清、杨振中、李发平。

"像保护家人一样，保护候鸟。"朴素、炽情，这是南山站巡护队队员集体心声的表达。是他们与恒湖站巡护队同行并肩携手，还有年复一年的辛劳，才有了南矶湿地国家级自然保护区"偷盗打猎候鸟行为几乎为零"的佳绩。

## （五）

在向阳村鸿雁路路口，我看到了一份南矶乡农家乐公示表：鄱湖、湖畔、湿地情缘、渔村码头……60多家农家乐散布于南矶山。这，应是湿地与候鸟给当地人带来的福利吧。想必每一家开农家乐的，想想冬春季节接踵而至的观鸟人群都是一件开心的事。我与段漠山还没走到湖畔酒家，就闻到了水煮湖鱼的鲜香。

本来，从鸿雁路折返南山码头，就可以回南山站了。然而，我没有选择原路返回，而是走进了村巷。虽然，村里房屋鳞次栉比，但一栋比新建的房屋矮了一截的老屋，以及门脑上"凤继来仪"的匾额引起了我的注意——匾额是用矶山的红石雕的，繁体、楷书，工工整整，屋主是一位叫万时香的老人。老屋只有一层，没有天花板，可以直接看到房梁与屋瓦。起先，老屋是前后两进的，修缮时改变了结构。说起来，万时香老人已经进入了耄耋之年，而祖居屋还要比她年长一百多年。凤凰，在民间是传说中的神鸟，吉祥，和谐，而"凤继来仪"应是对祥瑞的祈愿吧。又或者，是对南矶山凤形村庄的一种呼应。踅出村口，路边的芦苇长得恣肆，我踮起脚尖都不够芦苇一半高，那长得粗壮的芦茎一如甘蔗。所谓"蒹葭苍苍"，是否是描述这样的长势呢？不细看，很容易将路边的芦苇丛与竹丛混淆起来。湖风拂来，绿意婆娑。

几只苍鹭站在湖边,见到生人也不怕,还是坦然自若的样子。

俗话说,秋前十日秋。公历8月刚刚露头,农历也就刚踩着7月的脚步。算起来,离立秋还有几天辰光,暑气并没有半点消解的意思。有道是"七月秋,样样收",那在此后将迎来怎样的日子?蝉,不像湖区的留鸟,很难现身,它只躲在香樟、构树、杜英树上"秋了,秋了"地急切叫着。别说蝉,生活工作在南矶山的人也一样,谁不希望秋天早些到来呢。巡护是一种守候,心中的希望亦然。

秋天一到,离鄱阳湖候鸟越冬的日子就越来越近了。

# 与鹤同行十八载

谢琼

（一）

　　一张张鄱阳湖候鸟越冬地的精彩照片；一幅幅西伯利亚苔原白鹤繁殖地的珍贵画面；一页页从西伯利亚到鄱阳湖白鹤迁徙万里的场景记录。在遥远的西伯利亚苔原上，一只白鹤破壳而出……这些珍贵的白鹤影像，以及这张人类史上首次在野外用摄影记录的幼鹤出壳画面，是一位生长在鄱阳湖畔的新闻工作者郑忠杰所作。

　　世界上首次拍摄到白鹤出壳画面，是在俄罗斯的西伯利亚苔原。为了这一时刻的到来，郑忠杰整整等候了十年，付出了十年的艰辛，从鄱阳湖到西伯利亚。

　　白鹤，也称西伯利亚鹤、黑袖鹤、修女鹤，是一种大型涉禽、湿地动物，目前，世界上仅存3000多只。千万年来，这种神奇的鸟儿有着随季节变化迁徙的习性。由于数量极其稀少，它被国际自然保护区联盟列为"极危物种"，在我国也属于国家一级保护动物。

　　郑忠杰说，白鹤这个古老物种，在地球上至少已经存活了几百万年，堪称鸟类的活化石。在漫长的岁月里，地球经历了多次冰川消融，沧海桑田。由地球环境的变化，加之后期人类的干扰。无数物种相继灭绝，而白鹤却能神奇地生息繁衍至今，这本身就是动物界的一个奇迹。或许，这就是它们最吸引我与它同行的原因，结下的一种情缘。

　　白鹤是属于全世界的，它的越冬地在中国，繁殖地在俄罗斯的北极苔原带。北极苔原带是人类的禁区、广袤、无垠而又苍凉，但对白鹤来说却是一个安全的区域。

　　白鹤的这一选择，却是人类了解它的一大难题。至今，世界上关于白鹤在野外繁殖的影像资料几乎空白。郑忠杰在鄱阳湖跟踪白鹤多年，却对白鹤在西伯利亚的繁殖一无所知，于是有了去拍摄它的强烈愿望。

　　连续是吧年在野外拍摄白鹤,连续十年去东北迎送白鹤，从鄱阳湖到东北，再到西伯利亚。目前为止他是在世界上第一个在野外拍摄到白鹤幼鸟出壳的人，也是国际鹤类基金会全球首位签约公益摄影师，"鹤到哪里我就在哪里"。

## （二）

1998年，作为摄影记者的郑忠杰首次赴南极采访。1999年，他奉命援疆，在帕米尔高原上的一个地州电视台当了三年台长。从新疆回来后，又随雪龙号赴北极科考。用他的话说：在地球尽头他已经感悟到将来的路怎么走。"做自己想做的，既有益于社会又有益于人类的事，保护鸟类就是保护自己，热爱大自然、热爱野生动物，白鹤是江西通向世界的一张名片"。就这样坚定了他去拍摄记录白鹤，用影像拯救濒危野生动物信心和决心。

2002年，郑忠杰开启追鹤的足迹。他循着白鹤迁徙的路线孜孜不倦，永不放弃。鸟类照片和视频是野生动物里最富有动感和生机的，但也是最难相处的拍摄对象。想要拍摄它们"翩翩起舞、水上低飞、嗷嗷待哺、激情吐授"等光影和谐的旋律，需要摄影师的忍耐、责任和把握，需要情感、智慧和梦境，更需要与时间赛跑，与光圈同步。要拍好一个物种，得先了解它、尊重它。白鹤的一生，是悲壮的一生，也是优雅的一生。要去感知它们的想法，进入它们的世界，了解它什么时段会做什么。作为一名鹤痴，他深感对于有关白鹤的影像记录非常缺乏，尤其是白鹤繁衍的影像记录几乎空白，为此，他甚至冒着生命危险进入西伯利亚无人区，去探寻那些人类所不知的白鹤的秘密。

## （三）

经过数年的筹备，多方的沟通，在国际鹤类基金会和俄罗斯科学院西伯利亚分院专家的帮助下，2012年6月，郑忠杰带着摄制组，进入了俄罗斯西伯利亚无人区。

此前，境外曾有三支摄影队乘坐直升机并带着先进装备进入西伯利亚，试图拍摄白鹤野外繁殖，都未能如愿。

鹤
郑忠杰
摄

刚出壳的小白鹤
郑忠杰
摄

  郑忠杰带领的摄制组历尽艰辛，到达了西伯利亚白鹤的繁殖地，这里距离北冰洋很近，之前动物猛犸象曾生活在这片极寒之地。如今，许多巨兽的尸骨已被冻土掩埋，白鹤却依旧在天空翱翔。

  初夏的雅库特苔原刚刚褪去冰雪银装，万物复苏，处于极昼状态。这是一年中白鹤最好的繁殖生长时光，然而只有六、七、八短短的3个月。植物和动物都在与时光赛跑，试图迅速地完成生长与繁殖。一旦夏季结束，寒冬将迅速降临，零下数十度的严酷冰雪会吞噬一切。苔原冰雪融化，到处都是沼泽地，车辆根本无法进入。老郑带摄制组负重前行，步履艰难。俄罗斯科学家谢尔盖对白鹤有着近30年的研究，此行，他带领摄制组前往一个早先探好点的白鹤巢穴，抵达时却发现了意外——某种肉食动物吞噬了尚未孵化的卵。郑忠杰说：“白鹤出壳的时间一般在6月底7月初，在这短短的时间里不能拍摄到它们，就意味着耗时数年筹备的西伯利亚之行将，一无所获，空手而归。”"据科学家统计，每1000多平方公里的苔原带上，只有约30个白鹤巢穴，也就是说，平均每30多平方公里的范围内，才有1个白鹤巢穴。而白鹤的巢穴占地仅约1平方米左右，并且没有明显的特征可以从远处观察到。我们必须10天左右找到另一处白鹤巢穴——这是一个艰巨的任务。"

## （四）

艰苦的任务，恶劣的环境。冬季，这片苔原最低气温低至零下60～70摄氏度。如今虽然是夏天，天气依旧瞬息万变。刚刚还是20摄氏度左右的晴天，突然一场暴风雪袭来，温度陡降至零摄氏度以下，简易帐篷就在风雪中飘摇。

历尽艰辛，摄制组终于在苔原腹地找到了另一处白鹤巢穴。夏日的西伯利亚苔原看似宁静安详，其实危机四伏。在贼鸥、猛禽以及较大的哺乳动物眼中，白鹤的卵及刚出壳的幼鹤都是它们的美餐。

经过数年对白鹤的细心观察、研究。郑忠杰说，白鹤繁衍下一代不是件轻松的事情，它们有谋有略，必须高度警惕。通常情况下，白鹤一巢会产两枚卵。一只白鹤孵蛋时，另一只则会在不远处放哨。有时候为了迷惑天敌，另一只白鹤会选择在草丛中伏着，假装孵化，让进犯者一时难以判断卵或幼鹤究竟在哪只白鹤的羽翼之下。在繁殖期，白鹤非常机警。为了不惊扰白鹤，郑忠杰选择在距离巢穴500多米的地方搭建隐蔽帐篷进行拍摄，每隔一天才悄悄移动一些距离，使白鹤慢慢适应这个"外来物"。

相逢令人惊喜，同时危机也会经常出现。暴风雪肆虐，摄制组的设备常常出现故障，发电机受潮不能为卫星电话等电器充电，摄制组经常会与外界失去联系。

为了预防不测，摄制组来时在沿途藏下了一些食物，但必须返程寻找。16天时间的等候，却只带了10天的干粮，摄制组靠着仅剩的一点干粮和从湖里打到的鱼充饥。食物紧缺加之天寒地冻，能否走出西伯利亚是个严峻的考验。为了见证这远古破壳而出的白鹤，必须在孤寂中守候。历经种种磨难，一周之后，透过摄像机镜头，他们终于看到一个小黄点出现在大白鹤的身边——第一只小白鹤出壳了。2012年6月25日，这一天，人类首次在野外用影像记录到白鹤出壳的奇迹画面。

国际鹤类基金会副主席吉姆·哈里斯高兴地说："以前

没看过，也没听说过拍到繁殖的小鹤。看到小鹤出壳画面非常兴奋，也非常感谢你能拍到这样一影像。"国际鸟类环志中心钱法文博士感到很震撼："这是非常非常珍贵的科学资料。我感到非常高兴，也为你们的壮举感到非常荣幸。"

郑忠杰说，刚刚出生的幼鹤还无法飞翔，在出壳的第二天，它就需要随着父母向南步行。苔原的夏天虽然充满生机却过于短暂，随后的日子里，严酷的冰雪将再次覆盖大地。小白鹤要在这段时间内尽量向南迁移，并逐渐让羽毛变得丰满。

郑忠杰经过多年细心观察，确认3个月后，这只小白鹤将学会飞翔；9月，它将像他们的父母一样，飞向南方，开始可歌可泣的大迁徙；11月初，它们一家将到达一年一度的越冬地鄱阳湖。到了来年，成鹤会离开幼鹤再度进入西伯利亚繁殖，而幼鹤作为亚成体则开始独立生活。4至5年间，性成熟的白鹤才能择偶成家，在繁殖地生儿育女。

从鄱阳湖到西伯利亚，万里迁徙之路，白鹤已经飞跃了千万年。风霜雨雪，气候变幻，沧海桑田，这种神奇的鸟儿见证了无数的变迁，经历了无数的挑战。对生命延续和种群传承的坚守，早已根植于它们的基因之中，支撑着它们完成一次又一次的大迁徙。地球上曾经有过3个白鹤种群，然而由于环境的变化和人类的干扰，其中2个种群已经无可挽回地消失了，如今，仅存的这群白鹤，选择了飞往中国鄱阳湖越冬。

## （五）

郑忠杰拍摄白鹤，研究白鹤，与白鹤同行，填补了记录白鹤的一项项空白。

鹤  
郑忠杰 摄

2016年2月,他应邀参加在美国举办的美洲鹤节,并在美国德克斯大学做了一场关于白鹤的专题演讲,在座的野生动物保护专家学者以及志愿者们,在听完演讲、看完视频后热泪盈眶,起立鼓掌。国际鹤类基金创始人阿基博决定在基金会总部加一场演讲,亦是反响空前。演讲结束后,为表示对郑忠杰的感谢和敬意,国际鹤类基金会在美国威斯康星总中升起一面鲜艳的五星红旗,还专门为他建立了一个白鹤资料库。

十多年来,郑忠杰和白鹤成为了心意相通的朋友,白鹤原本是一种非常警觉的鸟,不会轻易让人靠近,但它们似乎能理解郑忠杰多年的苦心,有时会在他头顶十几米的上空飞翔,向他回望。看到这些精彩的画面,鸟友开玩笑说,这些白鹤就像是家养的一样。

郑忠杰从事野外摄影多年,出了两本精品摄影图册,在采访中他说他拍摄的种类不多,除了拍摄白鹤,他还跟踪记录了江西境内的中华秋沙鸭、蓝冠噪鹛、黄腹角雉、白颈长尾雉等濒危物种。

# (六)

"真正拍摄好的照片,不仅仅是依赖高科技的器材,而是用眼、用心、用情在拍摄,我了解白鹤的生命历程,一年一年走过来,我的感受已经跟它融在一起。我跟动物之间是一种心灵的沟通和对话,只要心诚,动物会有所感悟,甚至知道感恩,而很多人不太能理解这些。"

"双翼掠过云水间,九皋鹤鸣闻于天。云舒云卷昨日事,回眸已是百万年。"郑忠杰说,这是白鹤一生的写照,也是他花甲之年拍摄白鹤的感慨。

清晨,鄱阳湖畔鹤群相聚,迎着初升的朝阳引吭高歌;黄昏,白鹤在落日的余晖中喃喃细语。

这是一曲天地融合,人与自然融合的奇幻乐章。

"同在蓝天下,人鸟共家园",郑忠杰说:"这是初心,也是使命!"

# 与鸟结缘

林发荣

我和候鸟的缘起，要从大学毕业那年说起。

"这张照片摄于江苏盐城自然保护区，图中的女孩名叫徐秀娟，她旁边的鸟儿就是我们熟知的国家一级保护动物丹顶鹤。1986年5月，21岁的徐秀娟从东北林业大学毕业，来到保护区从事养鹤研究和鸟类保护工作。1987年9月16日，她为了寻找走失的两只白天鹅，不慎落入沼泽中牺牲了。她是我国环境保护战线第一位因公殉职的烈士，她将23岁的青春年华，献给了一生热爱并为之呕心沥血的护鸟事业，以她为原型谱写的歌曲《一个真实的故事》被广泛传唱，并感动了无数人……"这是2010年初，盐城国家级自然保护区工作人员在我的母校——盐城师范学院开展环境教育活动时的讲解。在那一刻，我的内心被深深打动和感染，毕业后投身生态保护事业的想法，在我的心里开始萌发。

机会在冥冥之中悄然降临，当年3月，我的家乡江西省发布了上半年省直事业单位招考公告。由于我小时候是一个典型的农村留守儿童，父母常年在深圳打工，爷爷奶奶在老家无人照料。为此，回到家乡工作，是我就业第一考虑。当我翻到职位表上"鄱阳湖国家级自然保护区"一栏时，我毅然填上自己的报考志愿。四个月后，我以笔试面试第一的成绩如愿以偿考入了鄱阳湖国家级自然保护区上班。和徐秀娟一样，在21岁的年纪，我开始了与鸟结缘的人生道路。

## 选择坚守

"落霞与孤鹜齐飞，秋水共长天一色""渔歌唱晚，响穷彭蠡之滨""鄱阳湖上都昌县，灯火楼台一万家"这些优美的诗句是最鄱阳湖精美的描写。当我到保护区大汊湖站报到时，才发现什么叫文学与现实的差距。一栋破旧的站房，长满杂草的院子，门前是一望无际的湖水，背后是一个远离喧嚣的偏僻小村庄。

站里的老同志告诉我，我们是保护区公开招考的第二批大学生，2007年第一批招录的几个同志，因为适应不了，立马

叶学龄 摄

与鸟结缘

走了。这时，县局里通知我，我被省林业厅借用一年，主要工作是写材料，一年后到县局上班。

在省厅，我了解到保护区老同志们，几十年扎根基层，守护候鸟，他们再一次让我感到，这份艰难而平凡的工作，做起来，多么有价值。

2011年冬天，我和宣传科同事一起到基层站做宣传，我通过望远镜，看到一群群白鹤优雅地漫步在草滩上，天鹅的倒影将湖面染成了白色,而基层站的同事正顶着疾风苦雨，穿着长筒套鞋一步一提，艰难地行走在鸟群周边的泥潭中巡护排查。从那一刻起，我坚定了留下来的想法。

## 为鸟站岗

2017年4月，局里开展"干部大交流"活动，鼓励机关干部下基层，我立即主动填报申请到大汊湖站工作。两个月后，我正式来到大汊湖站上班，开始了"当好站长、为鸟站岗"的新旅程。

大汊湖站是我来保护区上班的第一站，也是辖区面积最大的一个站，管辖大汊湖和象湖两个湖泊，总面积达89平方公里。还负责监测保护区范围外候鸟常去的几个湖泊，巡护面积横跨新建、永修、都昌三个县（区），工作任务非常繁重。基层站的工作，首先是非常辛苦，无论严寒还是烈日，雨雪还是风霜，我和站员们都要坚持下湖巡护，每月巡护里程至少800公里。而辖区巡护道路异常泥泞坎坷，一般车辆根本无法进入，有的线路只能靠双脚穿着雨鞋在泥沼中走两三个小时才能走完，脚踩下去就是一个深坑，拔起来鞋子却落在泥中，我和同事经常走得眼发昏、腿发软、脚起泡。有的线路要乘坐轮胎比人还高的东方红1204农用拖拉机，来回颠簸五六个小时，经常是早出晚归，风餐露宿，午饭就只能在湖区面包就水解决。其次是与家人聚少离多，我和站员候鸟越冬期每个礼拜只有一天的休息时间，遇到突发情况连一天都休息不了。对于家人，我始终怀着愧疚之情，我爱人在保护区机关上班，小孩刚出生不久，陪伴他们的时间少之又少，没有尽到一位父亲和丈夫的义务。想念家人了，就只能把他们接到站里来过过周末，去年春节和元旦，他们都是陪我在站里度过的。对于家人来说，我在哪里，哪里就是他们的家。而对于我们基层站的同志来说，站里就是我们的家，候鸟也是我们的家人，只有候鸟安全，大家才能安心。

巡护道路上，除了艰辛，还时常还要面临人身危险。记得那是2017年12月6日的上午，为了调试刚刚购置的两台水陆两用巡护车，我和保护区伍旭东副局长、吴建东科长及站里黄锦波、唐超群、陶端基三位同志，同新建区林业局野保站同志一行，在售车厂家两名试车员的驾驶下，乘坐水陆两用车前往新建与都昌两县交界的三山泗山水域巡护。当时湖区大雾弥漫，巡护路上水沟、泥潭、草滩纵横交错，车辆行驶非常艰难，还未走到三分之一的路程，就已经陷车两次，只得通过两辆车互相牵引，加上人力推动救援才得以勉强前行。当车辆行至十八岭口附近的一条河边时，由于河岸淤泥太深，巡护车尽管装有履带，还是控制不住打滑，打前的那辆车不慎一下连人带车侧滑进了河中，冰冷的河水从车窗和车底灌进来，方向盘、仪表盘都在顷刻之间没入水中。我和同车的伍副局长等四位同志膝盖以下都浸入水中。由于情况紧急，我们根本来不及思考，直接赶紧从车内爬出跳到河岸上，结果大家都直接一脚踩进了河岸那将近半米深的淤泥中，回头看时，车体半边已泡在水中，另外一半还搁在河岸上，真是惊险万分。幸运的是没有人员伤亡。

我们的车抛锚后，只得在淤泥中艰难步行返回，而另一辆车上的同志确认我们安全后，决定继续开往目的三山泗山巡护，不达目的不罢休，因为大家心里想的还是希望能过去巡查看一看，牵挂着那里候鸟的安危。然而，厄运却在悄然降临，在到达目的地巡查结束后的返回途中，由于驾驶员颠簸劳累，加上地形不熟，车辆突然一头栽进一个被荒草掩盖了的大坑里，车上人员出现了都不同程度的撞伤情况，其中陶端基同志一头撞到车内铁栏杆上，鲜血如注般喷涌而出，座椅上到处都是鲜血，情况万分危急。大家都顾不上自己的伤势，纷纷赶紧下车把车辆从坑里推出来，一边派人给老陶按压止血，一边谨慎而又尽可能快地开出湖区。一个半小时后，才终于把老陶送到新建区人民医院救治。诊断结果是鼻梁骨骨折，经过三个多月才康复，但鼻子上却留下了永久性伤痕。

如今想起那天的险境，我们当事人至今都心有余悸。但大家却没有一声怨言，没有一人退缩，仍然坚持辛勤奔走在湖区一线，因为对于保护区人来说，保护候鸟永远在路上。

### 护鸟无畏

近年来，在各方努力下，湖区候鸟栖息环境总体上维持了较

鹤回鄱湖·灰鹤
雷小勇 摄

好态势,但少数不法分子在利益的驱使下,仍然会铤而走险去伤害偷猎候鸟。我和站员们巡护过程中,还必须时刻保持警惕,做好与不法分子作斗争的准备。

2018年1月9日上午,我和站员唐超群同志步行前往辖区象湖巡护监测,当我们走到象湖南部边界时,从望远镜中看到一个渔民模样的人,身上扛着一个蛇皮袋从草洲方向走来。他引起了我们的高度警惕,根据经验判断,这个袋子里极有可能是被偷猎的候鸟。我们赶紧用照相机将他扛蛇皮袋的情形拍了下来。嫌疑人在离我们还有大概200米距离的时候也看到了我们,悄悄将蛇皮袋扔到了草丛中,空手朝我们走来。由于我们没有穿制服,他以为是前来观鸟的游客,假装若无其事地与我们攀谈起来,并给我们指了与蛇皮袋相反的方向,说那边有很多候鸟,叫我们去那边观鸟。我们将计就计,一边答应说好,一边却走向他丢弃蛇

皮袋的草丛中。

我翻开来一看，里面果然是被偷猎的候鸟，一共有9只野鸭子。从散发出的农药味判断，野鸭子是被毒杀的，袋子里还有一副手套。他见我们发现了蛇皮袋，紧张地跑过来，继续假装问我们这里面是什么东西。我反问他：你难道不知道这里面是什么吗？你做了什么事自己心知肚明，我是保护区工作人员，请你跟我到森林公安走一趟。他听后立刻露出了原形，伸手想要把我们手中的证物抢走。他威胁说，我就是这附近村庄的人，你们如果要为难我，就不要怪我不客气，我会叫兄弟来报复你们，叫你们吃不了兜着走。

我们很镇定，说，保护候鸟是我们的职责，无论是谁违了法就必须要受到惩罚。他见我们没有被吓倒，一边骂骂咧咧，一边慌忙骑摩托车逃跑。我们立刻向森林公安报了警，等待民警到来后将证物和拍下的嫌疑人照片提供上去。当天下午，森林公安民警将违法嫌疑人带到派出所审讯，对方一口咬定自己是渔民，在捕鱼时看到那里有中毒的鸟便想捡回家，并不是自己投的毒。由于没有掌握十足的投毒现场证据，最终森林公安以非法拾捡、非法携带候鸟对其进行了行政处罚。

事发的第二天凌晨4点，我和站里黄锦波、陶端基三位同志又坐拖拉机到事发湖区蹲守排查。当时已是深冬时节，凌晨的湖区更是地冻天寒。将拖拉机停好后，我们关闭灯光，蹲守在湖边草丛中，等待是否会有不法分子乘着夜色过来投毒偷猎。我们只能靠不停地哈着气、搓着手取暖，蹲守了两个小时后，没有发现异常。此时天色也已开始渐渐亮了起来，我们又穿着及腰的下水裤，踩在结了冰的泥沼中，围着湖泊整整走了一圈，进行地毯式排查。冰渣子将下水裤磨得吱吱作响，一开始双手双脚冻得毫无知觉，我们仅凭意志力和惯性往前迈，走到后面开始发热，衣服又被汗水浸湿。巡查一圈，对被发现的毒饵隐患全部清除干净后，我们瘫坐在草洲上，感觉脚有千斤重，但内心却无比轻松。当朝阳慢慢升起，晨光洒在平静的湖面上，水汽开始氤氲开来，早起的鸟儿发出悦耳的叫声，仿佛是在感谢我们。

## 救鸟遗憾

在大汉湖站工作期间，我们接到了多起群众举报和救治受伤候鸟事件，但有一次救治一只落单白鹤的事件，让我感到遗憾又心碎。

2018年7月11日上午11点左右，我站接到湖区一名王姓渔民电话反映，称在大汉湖东洲头水域，突然发现一只白鹤在草洲上站着不飞。按照正常情况，白鹤应于3月底即已迁离鄱阳湖飞往西伯利亚繁殖，而当前已到了7月盛夏时节，说明这只白鹤可能是在湖区其他地方受伤落单了，飞到大汉湖，飞不动了，被渔民发现。当天正值台风玛利亚入侵江西，鄱阳湖面风力达7级。我们第一时间租了一条小船，在大风大浪中，硬着头皮赶往事发地。但由于湖面风力太大，我们租的船开到半途中不敢继续往前开，只得又联系了湖中稍大一点的船只过来接力摆渡。大约两个小时后，我们才辗转到达东洲头，看到白鹤孤零零地站在一小片草洲上。

我们缓慢靠近，试图将它抱上船来，没想到它虽然飞不动，但攻击性很强，不停地用尖锐的喙部啄我们，几位同志的手和背都被啄伤。我们用一个黑色的塑料袋，趁其不备，把它的头套住，蒙上了它的眼睛，待它平静下来后，我们把它抱上船后，紧急送往保护站。它的左脚三根脚趾，有不同程度的残断，身上瘦骨嶙峋，原本洁白的羽毛因沾染了泥土而显得污脏不堪，头顶毛发裸露处因感染而长了一大片禽痘。在救援返程途中，大家在船上都没有开口说话，内心都在为这只白鹤的悲惨遭遇而痛心难过。

上岸后，我们马上将它带到保护站已经开好空调的会议室，给它进行降温，并拿脸盆装了一盆水和一盆玉米、小鱼等食物放在它面前。刚开始它很警惕，只是虚弱的躺在地上，不喝水也不吃东西，我们都很焦急。大约20分钟后，它开始慢慢站起来，用喙部靠近两个脸盆试探着，开始蘸了一点水喝，吃了一点点食物。

待其状态平稳后，我们连夜奔赴省野生动物救治与繁育中心救治。大约傍晚9点到达救护中心，该中心况绍祥医生对其进行了体温、体重测量，体重显示才7.3公斤，远低于正常体重。医

生对其注射了消炎药物,喂了一点水和食物,手动剥除了禽痘结痂并涂上药膏,并表示这只白鹤身体过于虚弱,生命体征很不稳定,但将全力以赴救治。

我回去后整夜都无法入睡。第二天一大早,我又同站里何守庆同志到菜市场,买了玉米和莲藕,前往救治中心探望。可它依然不太吃东西,只是靠着注射补液维持。第三天上午,噩耗还是传来了,况医生电话告知我,说那只白鹤已经走了,死因是肠道大出血。一只年轻的白鹤就这么走了,我陷入了深深的自责与悲痛中,为什么我们没有早点发现它,为什么这么美

鄱阳湖
李哲民
摄

丽的精灵要受到人类如此恶劣行径的对待。它可能和我一岁的孩子同龄,而它的父母此时可能正在西伯利亚悲痛地望向南方,等待他们的孩子归来,或者心存一线希翼,盼着来年冬天能在鄱阳湖和它相聚……

# 鄱阳湖二题

李培禹

## 鄱阳湖诗篇

鄱阳湖的八月,满目盈盈碧水。

远来的外乡人不会想到,烟波浩渺的湖水中,100多种、数以万计的夏候鸟,在这里休闲嬉戏,偶尔几声鸟鸣,更衬托出祖国第一大淡水湖的空旷与辽阔。我跟在李跃身后去看鸟,显然鸟儿们很熟悉这个身影,它们并不惊慌,有的还扑棱棱抖动起翅膀表示欢迎我们的到来。李跃是都昌县候鸟自然保护区管理局局长,在这个岗位上已经十一个年头了。候鸟飞来飞去,他坚守如初。有人说,这个李跃啊,鄱阳湖是他的家,湖中的候鸟是他的命!李跃教我识别他的"命":白琵鹭、须浮鸥、青头潜鸭、白额雁、苍鹭、黑冠鹃隼、卷羽鹈鹕、棉凫、黑翅鸢……

最早知道鄱阳湖,还是在地理课本中:她位于江西省北部,是中国第一大淡水湖。春季水涨,赣江、抚河、信江、饶河、修河五河汇一湖,丰水期湖水面积可达4000多平方公里,当地人称其为"海"。秋去冬来,湖水自南向北在九江市湖口县石钟山附近汇入长江,水落滩出,湖面水域仅留四五百平方公里,而大量的滩涂、湿地、草洲、芦苇丛,成了越冬候鸟们的天堂。每年秋季,来自俄罗斯西伯利亚严寒地带的数十万羽冬候鸟飞到这里过冬,成为世界奇观。最新的统计数字,鄱阳湖夏候鸟、冬候鸟,还有留鸟,加起来共有425种,其中白鹤、东方白鹳等列为国家一级重点保护的世界珍稀鸟类就有9种。它们因这里得天独厚的生态环境,得以繁衍栖息。

"落霞与孤鹜齐飞,秋水共长天一色。"我吟诵出唐朝诗人王勃《滕王阁序》里的句子。李跃说,那只描写了秋季一景,我们鄱阳湖四季如画。春天,河开水涨,五河涌流,藜蒿茂盛,蓼子花开;夏季,你看到了,湖水浩渺无垠,水连天际,充分展示了大湖之美;秋天,南荻飘飞,"渔舟唱晚,响穷彭蠡之滨",美得醉人;冬天,鄱阳湖是世界珍稀候鸟争奇斗艳的舞台。有诗曰:"鄱湖鸟,知多少,飞起遮

尽云和月，落时不见湖边草。"我赞道：好有诗意的鄱阳湖！深爱着家乡、日夜守护着湖区候鸟的李跃，顺口读出苏东坡的诗句："鄱阳湖上都昌县，灯火楼台一万家，水隔南山人不渡，东风吹老碧桃花。"

诗意鄱阳湖！

诗溢鄱阳湖！

真没想到，我们的鄱阳湖之旅，竟然始于诗的意境。

都昌县地处鄱阳湖主湖区，拥有水域面积1390平方公里，占整个鄱阳湖的三分之一。李跃说，我们守护的湖岸线长达308公里，我争取陪你们多跑几个地方啊。

谁想，刚到多宝乡，我们就停下了脚步。

鄱阳湖
李哲民 摄

因为,在这里,在马影湖畔,我们碰到了诗人李春如。

马影湖是鄱阳湖国家级自然保护区内数十个自然湖泊之一,守在这里的李春如,是一位爱鸟、护鸟、救鸟、医鸟的传奇人物。

三十多年前,他辞去乡医院医生职务,甘心回乡当一名"赤脚医生"。起初,他在老家洞子李村开了个小诊所,给乡亲们看个头疼脑热。没想到,马影湖畔美丽的候鸟一下让他着了迷。他诗兴大发,写下了一首又一首赞美鸟的诗篇。一天,当一只奄奄一息的折翅大雁落到他眼前时,他心疼地抱起来就往诊所跑。他最看不得鸟儿受伤,他要救活它!后来,大雁伤愈,放飞了。再后来,在县里的支持下,鄱阳湖候鸟救治医院正式挂牌,他是院长兼主治医生。全县乃至整个保护区的鸟,伤了,病了,别处治不了的都往他这儿送,一干就是三十年,救鸟医鸟无数!他说,我这鸟医院,赶上你们北京的协和医院啦!

我们都笑了。

李春如说,其实,救鸟不如护鸟,人人都知道爱护鸟类了,才是我最终的目标。我身上有三个证:候鸟救治医院的行医执照、县林业局颁发的护鸟员证,还有一个"中华诗词学会"的会员证。

在李春如的眼里,这三个证同等重要,不分孰轻孰重。

我要拜读他的诗,他说,我正要请您指教呢!说着,搬出来厚厚一摞本子。我一看,这不是鄱阳湖国家级自然保护区管理局马影湖监测工作记录吗?他说,我的诗都和巡湖护鸟有关，全在里面了。翻开这写满密密麻麻字迹的"工作日志"，我被一个个场景、一个个故事、一首首诗词打动了。

2016年冬季的一个夜晚，一只落单受伤的白鹤幼鸟，被彭泽救护站的志愿者送到医院。彭泽到马影湖近百公里，天寒地冻，路途颠簸，小白鹤已不睁眼睛了。李春如全力救治，清伤、敷药、喂营养液，日夜看护。几天来他轻声呼唤着："小白，小白……"小白鹤睁开眼睛了。"工作记录"这样写着：小白能站立了，小白能进食了，小白抖动翅膀了。甚至，还有这样的细节：今天喂小白小鱼吃，它很喜欢，用小嘴刁起鱼儿来在清水里涮来涮去，然后才吃进肚里。喂它的水碗里落上草屑它就不喝，只好重新换上清水。末尾还有一句，让我眼前一亮："鄱阳湖是候鸟天堂，马影湖就是皇宫。"

鄱阳湖

小白能行走了，就跟着李春如去巡湖。一个七十岁的老人前面走着，后边跟着一只漂亮的小白鹤。小白鹤步子小，跟不上老李了，就飞一段再跟。有一天，李春如忙着数湖里的鸟只，回诊所时不见了小白鹤，他焦急地喊着："小白，小白，你去哪了？小白，小白，该回家啦！"真是神奇，小白鹤竟然飞了回来，它落在他的腿边，仰起头，发出长长的叫声，好像在说："老李，老李，我不会离开你。"日子一天天过去，两个月后，小白鹤已完全恢复健康，该回归大自然了。李春如已记不清放飞鸟类回归有多少次了，他按惯例给小白鹤做了体检，填写了放飞记录表格，然后抱起小白走到马影湖边，依依不舍地张开双手，小白扑棱棱飞向蓝天。小白飞走了，老李黯然神伤，回来的脚步有点发沉。傍晚，当他回到诊所时，忽然听到了一声熟悉的长鸣："老李，老李，我不会离开你。"啊？小白又飞回来了！

第二天，他去巡湖的路上又有小白鹤陪伴了。这一老一小、一人一鸟，成了鄱阳湖上的一道风景。

趣闻不胫而走。一天，全国鸟类环志中心的钱法文博士打来电话说："老李啊，小白鹤不能总跟着你啊，这样下去，家化严重，它就永远回归不了大自然了。"李春如猛然醒悟，他下决心按照钱博士的话去做——不见小白鹤。为此，他在山上搭了个临时的草棚，每天远远地观察着小白鹤。小白鹤连续五天见不到主人了，它的叫声由长变短。难过的老李对它又像是对自己说："小白，听话，你走吧，去找你的族群吧。我和钱博士给你戴上了放飞的环志，你飞到哪都会得到爱鸟人的呵护。"

小白鹤凄厉地叫了几声，无奈地展开翅膀飞走了，自此离别了这块使它获得新生的湿地家园。老李的两行老泪，扑簌簌掉下来。他在这天的"工作记录"里写道："朝夕相处八十三天的小白飞离了……"

看到这儿，我有点激动，问："八十三天，一天都不差吗？"

"怎么会差，一天都不差！"李春如的老伴刘秋珍发声了，"小白刚飞走的那几天，他偷偷抹了多少泪。"

在这天的"工作记录"的末尾，我读到了他写的诗："天上飞鹤，袖上泪，飞去北国万余里。小白仍在耳边语，思念无尽期。"

后来，像是一篇童话，第二年的深秋，在从北方飞来的鹤群中，李春如一眼认出了小白，它脚踝上的橙色环志还是那样鲜亮。让老李喜出望外的是,小白竟然是成双结对而来！

它带着一只羽毛雪白的雌性小白鹤，来向救过它命的老李报喜啦！

一年三百六十五天，李春如天天都有详细的"工作日志"，结尾大多有"正是"二字，然后冒号，冒号后边就是他的诗词了。十几个本子，哪里看得过来。我随手翻着，这天是2018年10月12日，星期五，"工作事项"栏内记着："豆雁约500只，鸿雁约100只，白额雁37只，在沼泽草地活动；天鹅7只8:30在马影湖水面嬉戏，11:30左右飞走了……今天又是晴天，我一早下湖，从新妙外湖到范垅湖7.5公里，一路观测鸟类，也得以观赏了湖景、山景，到晚上11点才回家。正是：马影湖上晚风柔，沿岸菊香流。鸿雁潋滟，天鹅情惆，秋水月如钩。白鹤鸣翱霓裳舞，野鸭伴渔舟。一盏红茶，两杯绿酒，夜阑乐悠悠。"还有一篇是2018年2月4日的，这天是大年三十。"工作事项"照例记录着当天观测各种鸟类的情况，然后他写道："今天是腊月三十又恰逢立春，沿湖村庄鞭炮声很响，湖里的鸟儿们都习惯了，飞走的不多，大雁、野鸭、鹬儿们似乎如常。我和许小华巡湖虽然很累，但湖畔风清气爽，春暖宜人。正是：暖暖晴风剪柳丝，天鹅白鹤泛歌时。多情鸿雁殷勤问，春到梅花第几枝？"

这样美的诗句，不是深爱着鄱阳湖的人，怕是写不出来的。

在我们相见甚欢的谈话中，李春如拿出一个获奖证书，是他参加一次诗词征文比赛中获得的。李跃告诉我们，没有拿出来给你们看的获奖证书还有：江西省越冬候鸟和湿地保护先进个人奖、全国民间组织"护鸟先驱"奖、"十大感动九江人物"奖，等等，多了！还有一个国际大奖——"斯巴鲁野生动物保护奖"。

行走鄱阳湖，都昌县只是第一站。

我们沿湖岸东北一线，经湖口县，过九江市的柴桑、濂溪两区，然后庐山、共青城、德安、永修，一路走来，处处感受到湖区群众保护生态、爱护候鸟的深厚情意。清晨，我们和护鸟员一起去巡湖；暮霭黄昏中，我们也加入到救护协会的志愿者队伍中。在大汊湖、象湖、在塘口、沙胡山、吴城，还有要坐渔船才能进入的湖中小岛荷溪村，我们被一张张朴实的面孔拉近距离，被一个个爱鸟护鸟的故事深深打动。

同在蓝天下，人鸟共家园，是鄱阳湖人写下的最美诗篇！

## 微信中的鄱阳湖

清晨，我打开手机微信，随着一声悦耳的提示音，一幅鄱阳湖晨曦的美景照片跳进眼帘：早霞映红的湖面上，几只漂亮的珍禽在惬意地嬉戏。文字来了："李老师，我刚刚拍到的棉凫，国家二级重点保护野生动物。"这是九江市柴桑区东湖的护鸟员李洪宝发我的。

赶紧进群，我知道在他做群主的"港口护鸟"工作群里，会有更精彩的内容。

果然，"观测到青头潜鸭了。可惜太远了，拍不到清晰的照片。"另一个观测点的护鸟员老陈在汇报。很快，也在群里的九江市林业局野保站站长、鄱阳湖生态自然保护区管理局局长等领导一一点赞了。我也跟着点赞，一是为他们干群一心，爱鸟护鸟的行为感动；二是我已懂得青头潜鸭是鄱阳湖夏候鸟的一种，全世界仅存不超过 700 只，目前已受到众多鸟类爱好者广泛关注的鸟类了。"东湖"觅得这宝贝珍禽的踪影，是整个环鄱阳湖保护区的喜讯啊。

位于江西北部的鄱阳湖，是我国第一大淡水湖，丰水期湖水面积可达四千多平方公里，也是仅次于青海湖的中国第二大湖泊。当然，令全世界瞩目的不仅是因为她的面积大，而是每逢冬季来临，湖区的滩涂、湿地、草洲、芦苇丛，成了越冬候鸟们的天堂。每年深秋，来自俄罗斯严寒地带和北西伯利亚的数十万羽冬候鸟飞到这里栖息过冬，他们品种繁多，争奇斗艳，成为世界一大奇观。今年 12 月，江西将迎来一件盛事——2019 鄱阳湖国际观鸟周将举办，鄱

鄱阳湖
朱英培
摄

阳湖这颗璀璨的明珠,将第一次向全世界掀开她神秘的面纱,大放异彩。

我是冒着八月的高温酷暑,连日在湖区采访,行程近千公里,终于完成了预定的任务。回到京城,本是一身轻松的我,却怎么也轻松不起来,哦,那根神经还留在鄱阳湖呢!

我是第一次走进鄱阳湖。无论是乘车、步行,还是划船,都是行走在她的怀抱里,近距离感受她的辽阔无垠、美和神奇。最为突出的感受是,"人鸟共家园"的理念已深入民心,沿湖岸线成千上万的农民、渔民,都纷纷加入到保护生态环境、爱湖护湖、爱鸟护鸟的行动中来了。永修县吴城镇的荷溪村,是一座孤零零的小岛,然而它地处核心区域大汊湖的中心,位置十分重要。我在这里见到了二十多年守候在这个小渔村的叶久怡老汉。握住那双满是老茧的手,你能想象得

到他凭着一家之力，开荒地、挖鱼塘，度过了多么艰难的时日。他种下的稻谷，从未丰收过，因为每到成熟季节，候鸟们就陆陆续续飞来了，他便放下镰刀，不再收割，把大片的稻田让给大雁、小天鹅和鹬儿们吃。他的鱼塘捕捞时，渔网是特定的，是那种网眼要三个手指大的才行。留下的小鱼成了白鹤、鸿雁、野鸭的美食。有一年大雪封湖，他听到候鸟们的叫声由长变短，好像在呼喊着："老叶，饿了！老叶，饿了！"焦急的他拉上家里的一头水牛去买粮食。水牛耕地行，拉套却翻了车，老叶差点丢了性命。说起这些，老叶都是笑着说的。他告诉我，二十多年前鄱阳湖的白鹤只有三四百只，现今已经三四千只了。那语气中，有股自豪的劲儿！老叶连连感叹老了，干不动了，他说，愚公有儿子，我也有。他叫儿子叶星开上自家的船送我们回吴城镇,叶星一看就是一把好手,他先加上了我们的微信,这也使我回北京后仍然能第一时间看到荷溪村的美景和那些自由自在的鸟儿们。

大半个鄱阳湖转下来,我的微信朋友圈新增加了"鸟医"(救治医院)李春如、"鸟警"(森林公安)潘赣、"鸟痴"(民间护鸟协会)段庆县等一位位可敬的鄱阳湖畔爱鸟人。他们每一个人的任劳任怨、汗水付出,都是一篇动人的故事。

我们与共青城市野保站的护鸟员帅道银的见面,就很值得记一笔。那天,老天暴躁,天气预报气温高达39摄氏度,地表没有一丝风。偏偏我们的小车司机又走迷了路,待找到老帅的巡湖点——一条废弃的水泥船时,他已在烈日下暴晒了快一个小时了。我们从一直开着空调的小车里下来,和老帅握手,我的手仿佛被烫了一下。我们想找个凉快点的地方交谈,茫茫湖区竟连个棚子也没有。老帅说,他习惯了酷暑天巡湖,看,一顶草帽,一条毛巾,齐活!陪同我们而来的共青城市自然资源局年轻的技术员袁芳说,那草帽、毛巾都是帅叔评上先进个人的奖品。小袁管他叫"帅叔",好亲切。那天,我记下了老帅"发牢骚"的一首顺口溜:"可怜可怜真可怜/日夜蹲在水泥船/又没水来又没电/睁大眼睛看湖

巡湖
李哲民
摄

面／掌握鸟情来汇报／电话打给美女袁。"

"美女袁"就是他的上级领导袁芳。小袁是东北林业大学的毕业生，应聘考进公务员队伍，十年磨砺，90后的她已升任市自然资源局的林业科长，成为当地守护鸟类的专家。由小袁想到一批年轻的大学生，带着他们的理想，自愿加入到鄱阳湖生态保护、爱鸟护鸟的事业中来。在庐山市沙湖山管理处，听年轻的程李青主任讲他们已建成的"观鸟长廊"和正在建设的"观鸟小镇"，很受鼓舞。到鄱阳湖国家级自然保护区吴城管理站采访，年轻的站长舒国雷讲到白鹤的一番话，让我心头一震！他说："国际鸟类专家认为，从数量上看，白鹤本可不列入极度濒危物种，但因其越冬地主要集中在鄱阳湖，一旦丧失了鄱阳湖这个栖息地，白鹤这个物种就有灭绝的危险。基于此，白鹤被列为全球极度濒危物种。您看，守护好鄱阳湖有多重要！"来到新建区昌邑乡西门村，见到担任鄱阳湖国家级自然保护区大汊湖站站长的林发荣，是1989年出生的大学毕业生。站里与他并肩战斗的，还有两位80后……

我回到北京后，悄悄退出了以年轻人为主的临时采访工作群。但不知是谁又把我拉进了群里。也许是为了留住我吧，他们把群名中"临时"两字去掉了，修改群名为"同在蓝天下，人鸟共家园"。

真好，有这么多年轻的朋友在湖区第一线，我在北京的家里就可以随时看到鄱阳湖的烟波浩渺，随地观赏到白鹤、东方白鹳等世界珍稀鸟类的英姿倩影。偶有小视频，点开就是一幅最美的画卷。

# 三 守护家园

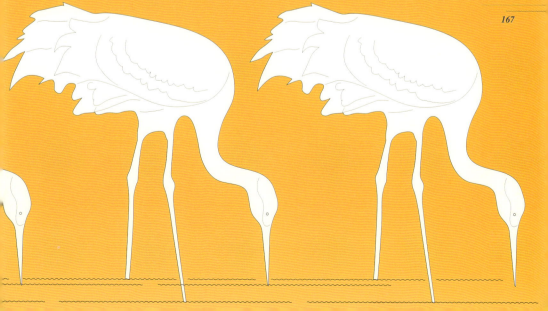

# 往事与回归

洪忠佩

## （一）

跌宕、变幻，云彩与湖光一起交织叠化，那种轻盈，以及浩渺，似乎都在随着鄱阳湖的湖风在转换。那种千变万化的绚丽，美得别开生面，触及人心。春去冬来，云诡波谲，鄱阳湖时光的消散好比是湖水的涨落，有些在遁迹，有些却在显现。候鸟是什么时候开始恋上鄱阳湖，留鸟又是什么时候开始在鄱阳湖安居的，我已经很难去考量到某一个具体的年月了，而获知鄱阳湖的候鸟真正受到关注与保护，那是20世纪80年代初的事了。后来，鄱阳湖候鸟保护区的保护等级一步步提高，晋升为国家级保护区。

这一切，就像鄱阳湖的湖岸线，漫长而丰饶。

水，无疑是鄱阳湖的重要元素。无论是以鄱阳湖湖水而衍生的鱼与草，还是人和事，经年飘逸散发着湖区的烟火气息。比如，食客们餐桌上青睐的藜蒿，鄱阳人却谓之"鄱阳湖的草"。是鄱阳人在贬低藜蒿吗？那倒未必。"正月藜，二月蒿"。藜蒿在湖岸一丛丛生，一片片长，青的，绿的，到处都是。或许，是藜蒿长得太多的缘故吧。再说了，鄱阳湖丰富的鱼类资源，那都是当地渔民过往日子的铺垫与滋养。

试想，哪一个祖祖辈辈生活在湖区，以及以湖区为生计的人，是否能够在一湖碧波中抽身而出呢？过往的事，很难定格下来。而从小在湖区长大的王来发，经历过一波三折，却在记忆里留下了很深的烙印。只是，他怎么也没有料到，我会落座"柏墅渔村"与他聊他的过往，以及他救助天鹅与护鸟的事。

其实，我与鄱阳湖，以及双港镇都有过交集的。几年前，为寻访和拜谒在蒋家村龙吼山的洪迈先生墓，我不止一次到了鄱阳县的双港镇。我对洪迈先生感兴趣，并不是因为他在赣州、婺州等地任过职，以及作为宋朝的使臣出使金国，而是我与他共祖同宗，还有他写过一部《容斋随笔》的书。"出污不染存浩气，满腹经纶济世人。"墓地上的联文，应是后

鄱湖大湿地
池晓虹
摄

人对洪迈先生最好的缅怀。况且，在遥远的年月，鄱阳湖是饶州水运的枢纽，婺源的茶叶几乎都是通过鄱阳湖入长江，运往九江、芜湖、南京、上海等地。早年在鄱阳过驳运输船行的詹和记老板便是婺源人。那时，船行与船帮头是鱼水关系，相互依存，詹和记与汉阳帮、湖北帮、抚州帮、南昌帮、广信帮、余干帮关系密切，生意做得风生水起。

一旦，遥远的事连缀延续上了，遥远就不再遥远，恍若昨天。

路上的人和事，遇见即是缘分。

彼时，我邂逅了双港镇长山村"保护候鸟骑行队"，他们两人一组，每天骑行20公里义务宣传保护候鸟。到了长山村才知道，鄱阳湖因鄱阳山得名，而《鄱阳县志》上说，"鄱阳山即今县西北湖中的长山。"长山村的杨兰喜，既是村党支部书记，又是"保护候鸟骑行队"的队长，而队员却是村里的10位渔民。自行车、雨衣、手电筒，是他们出行的装备……不可否认，在观鸟现场，人的视线是有极限的，真正要看清鸟的日常生活细节，还要借助高倍的望远镜。往往，人的视野也有矛盾的时候，比如湖区有了太多的候鸟，成千上万，白乎乎的，铺天盖地，一群落下，一群又飞起，似乎空旷感在缩水，看着，看着，又好像湖区的空旷感在放大。是的，无限地放大。像"鸟鸣山更幽"的感觉一样，湖区与天空有了候鸟的飞翔，会越来越无边、高远。何况，还有一如天空浩瀚的湖水呢。

事实上，我在长山第一眼看到鄱阳湖的候鸟是屏住呼吸的，然后是惊讶、激动，已经分不清哪是天空哪是湖面了，满眼都是飞舞欢叫的候鸟。而后，是眼睛潮了，模糊一片。我想，其他人看到湖区壮观的候鸟，是否都会像我一样的感受呢？

那个冬日，我在长山听到鄱阳湖候鸟的叫声，特别暖心。

而所有这些，也是我与王来发增加谈资的基础。

## （二）

很难想象，王来发"柏埕渔村"所在的地点，原来是柏埕人家居住的地方。

相对于"渡口里"的土名，我还是觉得原先"虎仕湖"的名字大气。从路程上看，虎仕湖距蒋家村龙吼山7公里左右，离长山村也就13公里的样子，转来转去，都在双港镇的区域内。然而，丰水期，湖面开阔，那注入鄱阳湖的南湖、西湖，还有内湖，我是很难分得清的。而这些湖的水，又是什么时候开始与注入鄱阳湖的赣江、抚河、信江、饶河、修河汇合的呢？我无从找到答案，却只看到双港尧山至白沙洲车门之间，有一道近百里的长堤坝——珠湖联圩，切断了鄱阳湖湖水。联圩，即堤坝，坝面很宽，可以当公路行驶汽车。王来发告诉我，珠湖联圩是20世纪70年代鄱阳为解决沿湖水患，举全县之力修筑的。

柏埕，在双港镇乐兴村一隅，是王来发的家乡。王来发的父亲王炳岗有一手打船的绝活，是当地颇有名气的船匠。渔船，无疑是鄱阳湖湖区主要的生产生活工具。想想，捕鱼、出行、载物，甚至嫁娶，哪一件能够离开船呢？然而，到了20世纪80年代，随着电焊工艺的出现，还有儿子宁愿捕鱼，也拒绝学打船手艺，这是王炳岗始料未及的。

安身立命的传统手艺，说黄就黄了吗？

当时，王炳岗只有冷眼看着这一切，尽管心有不甘，但又能怎样呢？木料越来越金贵，铁壳船机帆船越来越耐用，都是不争的事实。最终，王炳岗开始对木船龙骨松手的时候，也就意味着他对斧头、锯子、刨子、大锤等打船工具彻底放弃了……

没有传承父亲的打船手艺，王来发说起来心里还是感到几分愧疚。

在二十多年前，正是王来发处于低谷的时候，他从鄱阳贩运水产到江苏无锡、浙江杭州等地，都以亏本告终，结果是欠下了十多万元的债务。做生意亏本的日子，是个梦魇。

鄱阳湖
朱英培
摄

在鄱阳湖长大的人，湖水的气息就是家的气息。然而，王来发却不得不留在浙江打工。在他眼里，谋生城市所有的气息都是呛人的。那时，正是打工潮泛起的时候，仅双港镇在浙江余杭打工的就有三万多人。

即便，生活有千般愿景，王来发还清了债务就毅然决然回到了生他养他的家乡，开始重操旧业，下湖捕鱼。同时，他兼任了柏堑村民兵营长。2000 年冬的一天早上，王来发收网回家时在湖边捡到了一只受伤的天鹅。看到天鹅奄奄一息的样子，王来发心里愈发着急。思来想去，他打电话找到了时任鄱阳县公安局副局长汪国桢。遵照汪国桢的意见，王来发立即把天鹅送到了鄱阳县林业局。不曾想，当时鄱阳县还没有候鸟救助站。后来，王来发又辗转把天鹅送去了都昌候鸟医院。县电视台跟踪采访，王来发救助天鹅的事不胫而走……

差不多二十个年了，王来发说起当年救助天鹅的事还是历历在目。那天，王来发马不停蹄地跑来跑去，容不得他去多想，毕竟，抱在手里的是一只受伤的天鹅的命啊！

（三）

靠湖吃湖，每天捕鱼也只能糊口而已。要想赚钱，让一家人过上好日子，必须寻找其他门路。毕竟，王来发在外闯荡多年，是见过世面的。他经过一番市场调研、论证，决定利用当地渔民养鸭资源办起了酱板鸭厂。

产品的品质，原料是关键。王来发与当地的养殖大户陈松庆合作，选用人工繁殖的斑嘴鸭（人工杂交第三代）做酱板鸭的原材料。杂交、培育、驯养、放飞，还有秘制，家禽也能够吃出野味来。也就是说，王来发的酱板鸭厂，既解决了养殖户的销售，又满足了人们的味蕾。

一个在鄱阳从事酱板鸭加工的人，与鄱阳湖的野鸭切实有缘分：2017年11月初，王来发组织村民去毛粗湾疏通河道，看到二只斑嘴鸭撞到了渔民的渔网上，他立即上前拆网解网，然后，喂饱，放生；去年端午节的前一天，许多渔民把捕鱼捕虾的地笼晒在虎仕湖边上，王来发发现几只俗称"红脚板"的野鸭仔钻了进去。他逐一打开地笼，小心翼翼地把野鸭仔一只一只地掏出来。望着野鸭仔扑棱棱地飞走，王来发终于松了一口气……

与其说王来发迷恋加工酱板鸭的传统工艺，还不如说他更多迷恋家乡特产的味道。一旦，酱板鸭的产销稳定了下来，他又陷入了新的困惑：酱板鸭加工季节性强，都集中在下半年挨边过年那几个月，忙得不可开交。平时呢，闲得慌。王来发是渔民出身，几年下来又开始念起了老本行。然而，他选择的不是去捕鱼,而是承包水面进行生态养鱼。

尽管,王来发已经过了知天命的年龄,他身上依然有一股子闯劲。他在养鱼的同时,套种了120亩荷花,在荷塘上办起了"柏堑渔村"。也就是说,酱板鸭、生态鱼有一部分可以做到自产自销。如果以湖为中心,"柏堑渔村"属于珠湖联圩的外围。渔村是王来发与妻子王茶园为来往观鸟的游客提供服务的农家乐。在王来发看来,万物有灵,人们能够受一个大湖的吸引,不顾路途遥远,跑到鄱阳湖来看草滩与候鸟,说明他们心中都是有爱的。只有爱鸟的人,才会来观鸟。无疑,一个个观鸟的人,都是热爱自然与爱护鸟类的人。王来发作为一名基层的护鸟人,他从心里喜欢与爱鸟的人打交道。

珠湖联圩上光秃秃的,没有任何植物可以遮挡阳光,即便有湖风吹来,依然燥热。与我同行的是鄱阳县林业局的刘早春与黄青,去年六月的一天,他们曾一起把受伤的东方白鹳送到鄱阳湖国家湿地公园救助站。黄青作为野生动物保护站的一员,他点开手机,不仅给我看手机拍摄的东方白鹳,还给我看了鄱阳湖区麋鹿与苍鹭在农田里一起觅食的照片(麋鹿,俗称"四不像",原生长于长江中下游沼泽地带,由于多种原因,近乎灭绝。2018年4月初,江西省林业厅、北京麋鹿生态实验中心在鄱阳湖湿地进行野外放生,等于是麋鹿"重返故乡"。仅一年多时间,麋鹿就从原来的47只,增加到了70只)……我们走上联圩,就遇到了聂家村村民王兴主,他说自己承包种植的380多亩稻田被苍鹭、绿头鸭、东方白鹳踩踏得不成样子了。抱怨归抱怨,王兴主用手指了指田边的苍鹭群,并没有去驱赶的意思。在当地,人们称苍鹭为牛背鹭,或牛屎鹭,每每犁田的时候,苍鹭会紧紧随牛的屁股后,抑或站在牛背上,赶都赶不走。即便现在耕田用上农业机械了,依然如此。王来发告诉我,苍鹭等鸟踩踏秧苗的现象,不仅在聂家村,在乐兴村,以及乐亭村都很普遍。尤其是乐亭村，村民原来都种两季稻，候鸟一来，踩踏秧苗，啄食稻谷都是常有的事，他们只能改种一季稻了。等于说，人鸟争田，是人在给鸟让田了。好在，政府与有关部门已经出台了相关的补偿政策。

## （四）

虽然池塘里荷花长得茂盛，茎、叶、花都显得壮硕，密密匝匝的一片，但有空当的地方，仍然可以看到有鱼在游。"咕咚"，似乎是鱼跃出池塘水面的声音。然而，空气中似乎飘着腥臭的气味，或远，或近。王来发看出了我一脸的疑惑，他摇摇头说，没办法，池塘的鱼经常让池鹭啄了，赶都赶不走。天气炎热，没有来得及捡，很快就有了味道。现在还是算少的，等候鸟一来，野生的鹭鸶、灰鹤、斑嘴鸭都吃鱼，鱼苗就遭殃啰。

如果不是黄青说起，王来发根本没有打算告诉我损失的事。他顿了顿，掰着手指头给我算了一笔账：2018年好不容易承包了2800亩水面进行生态养鱼，计划每亩产量230斤，结果人算不如天算，实际产量只有计划的一半左右。原因呢，就是放养的鱼苗有一部分被鸟吃了。你说说，鸟吃了，我找谁算账去？话，又说回来，现在日子好过了，那些鱼苗就权当赏给候鸟了。其实，怎么想就取决于人的取舍，没有这么多候鸟来鄱阳湖，谁又会来我的"柏堑渔村"呢。

夕阳西下，"柏堑渔村"池塘边来了两个手擎竹竿的女孩，那竹竿上套着椭圆的篾圈，篾圈里黏有蜘蛛网，她们分明是在套蜻蜓吧。女孩还是处在不谙世事的年龄，她们嬉闹着，追逐着，惊飞了池塘边踱步的池鹭与苍鹭。

在联圩面对无念岛的位置，视野开阔，是最好的观鸟点之一。然而，我到鄱阳湖是季夏，毕竟不是观鸟的季节，没有看到观鸟的人流。不过，我还是从湖中渔船穿梭，以及鹭鸟、鸥鸟翱翔的景象感受到了一种安宁——那种人与鸟和谐相处的安详与宁静。王来发与黄青一样，讨论与关注的是小天鹅、豆雁、灰鹤、东方白鹳等候鸟在一年之中什么时候出场，什么退场，还有留下什么鸟在鄱阳湖安家。

"候鸟是要大家来保护的。"是的，正如王来发所说，保护候鸟不分你我，不分年龄，不分区域，甚至不分国界。而他，只是鄱阳县镇、村、组三级护鸟人中的一员。

（五）

夏季的最后几天，酷暑难耐。长时间在阳光下行走，热浪一阵阵扑面而来，难免会有晕眩的感觉。每天早出晚归，都期待与一场雨相遇。然而，总是事与愿违。好在，一路上都能看到云霞与湖水，都有蝉鸣与鸟叫，都有"护鸟人"的故事在更新。辞别王来发时，我的目光随着飞翔的鹭鸟掠过绿色的田野。

我不知道同行的涂师傅是否算过车程的公里数，想必于他是环着鄱阳湖湖区跑得最多的一次吧。一程接着一程的访问，我试想在江西生态与候鸟保护的大背景中去发现"护鸟人"更多的细节。而我记述的往事与回归，是以文字的形式在向"护鸟人"致敬。或许，在柏埕，在乐兴，在双港，在鄱阳，甚至在江西，类似王来发的人很多。只是，我很少有机会走近他们而已。

说实在的，我一踏上珠湖联圩，就莫名地喜欢上了联圩的弧度，以及依偎着联圩的坡的弧度，还有湖的弧度。似乎，那弧度正好适合湖水的荡涤，适合水鸟的翻转、滑翔。鄱阳湖的水域是一方秘境，在这方秘境里，还藏着多少不为人知的秘密呢？伫立在联圩之上，一面铺展着田野村庄的生发与祥和，一面展现的是鄱阳湖碧水连天的秘境。逆着光，远处湖面上的渔船就像一叶扁舟，而飞翔的鹭鸟、鸥鸟呢，好比是一个个闪动的点，慢慢地飘移着，最后融入了天空与湖水，融入了村庄与田园。

暮色起了，湖面上还泛着粼粼波光，好像许多鱼在游弋。晚风吹过，倦鸟的鸣叫一声比一声远，它们也开始归巢了。

鸟浪·反嘴鹬
雷小勇 摄

# 护鸟者说

洪忠佩

## 坐在堂前,能够听到天鹅的哨音

### (一)

霜降,意味着一年冬季的开始。蔡仁贵却早早地期待着这一天的到来——霜降一到,蔡仁贵夜晚坐在家中堂前,就能够听到天鹅飞过屋顶"叩、叩"的哨音。这个时候,蔡仁贵似乎很享受从西北吹来的寒流,主要是天鹅随寒流迁徙而来的美妙。

冬天,是适合怀旧的季节。而对于蔡仁贵准确地说,是在怀想。这样的怀想,多少带着童年的天真,青年的浪漫,可蔡仁贵呢,却是个中年人了。年龄并不重要,重要的是他坐在家中的堂前,就能够听到天鹅的哨音。

是幻象吗?

当然不是。

确切地说,应是在蔡仁贵日常真实生活场景的基础上,可以让人生发无限想象的空间:他能够在夜晚听到天鹅飞过屋顶的哨音,而天鹅在夜晚鸟瞰山峦、村庄、原野、湖泊,又是什么样子呢?

当然,这种感觉不是万年县梓埠镇共和村的村民都能够享受得到的。一旦,感受到了,是很有意思的一件事。从2015年开始护鸟开始,蔡仁贵就想与人分享这样的感受,但要表达出来,却很难。想来也是,这本身只可意会的事,何必非要说出来呢。

说了,他自己都觉得刻意。

### (二)

蔡仁贵居住的共和村究竟是怎样的一个村庄呢?

处于万年县西北部的梓埠镇与鄱阳县毗邻。从梓埠镇到共和村,沿乐安河南岸大约要走5公里的路程。上、中、下房,以及赵家、柴埠李家、毛家、罗家等自然村共同汇集起了8000多人的共和村。20世纪50年代,共和村曾属鄱阳县管辖的范围。万年县作为中国稻作文化的发祥地,稻无疑

廖国良
摄

是这方土地的代名词。然而,1998年江西遭遇百年未遇的洪灾,共和圩内平垸行洪,曾一度陷入无田可以耕作的境地。国家逐年实施的高标准农田改造工程,给当地村民带来了福音,让昔日荒芜的田地又恢复了生机。

蔡仁贵的家就住在共和村村委会所在地中房村,2015建的四层楼房,看去还是新崭崭的。131号的门牌钉在门口,墙上还钉着"党员家庭""党员示范户""全国农村推广农业科技示范户"的牌匾。我进屋与蔡仁贵见面,他刚刚从望夫滩稻田里回来,一身还在冒汗。堂前简单,只有一张桌子,几条凳子。桌子上的竹匾里,晾着青的紫的莲子。蔡仁贵热情、耿直,一个劲地劝我尝尝鲜,说莲花子偏老,却是早上从荷塘采的,新鲜,吃了能够防暑。我剥去莲子紫色的外壳,尝了一口,脆生生的,微苦,嚼一嚼,有回甘的感觉。

这天,是蔡仁贵姐姐的生日,家里人都去庆生了,只有他一个人在家。自从与蔡仁贵面对面坐着的那一刻起,我不住地在想象霜降的夜晚他坐在堂前聆听天鹅哨音的幸福样子。

## （三）

儿女成双，与父母同住，每年在当地或者周边县乡承包800至1000亩的水田种植，以及能够参加义务护鸟，是蔡仁贵理想的生活。与往年不同的是，他今年还在300亩稻田里尝试着进行了稻（子）虾（小龙虾）共养。

时间与土地，是最能够检验农民情感的词汇。况且，蔡仁贵是那么的热衷于护鸟呢。早年，蔡仁贵也曾去福建石狮打工，十多年前回到家乡后，他一门心思耕种田地，发展养殖，安居乐业，日子就像他种在菜地上的芝麻开花——节节高。说实话，在种稻子与护鸟之间，蔡仁贵也有过烦心的时候。比如，蔡仁贵原先都是栽种二季稻的，候鸟多了，他开始选择种一季稻。以每年800亩计算，他种一季要被鹭鸟踩踏和吃去稻谷20亩左右。20亩水稻，对于一个以栽种稻子为主业的农民家庭，不是一个小数目。

难能可贵的是，蔡仁贵和他的家人并没有怨言。反而，蔡仁贵还加入了义务护鸟的队伍。我想，蔡仁贵其中必有缘由。不曾想，他笑嘻嘻地一句"看到天鹅就喜欢"，轻描淡写地带过了。是的，喜欢有时是不需要缘由的。蔡仁贵告诉我，在乡村，鸟是天气的"占卜者"，可以称得上是天气预报，雷雨没有到来之前，鸟就开始烦躁不安了。叫声里，有慌乱，似乎还带着颤音。大雨来临，它们一只只都噤了声，纷纷找地方躲藏起来。尤其，天鹅表演的水平，好比是老戏骨，它滑行，落在花园水库浅滩处，还不忘瞥一眼如镜的水面，然后，才展一下翅膀，像亮相，收拢之后才开始起舞。更吸引人的，是它们结对相互梳理羽毛，还有伸长脖子在水下啄食的样子，体贴，迅捷而准确。即便，在凫水，抑或中场休息，游动、踱步的样子也是优雅的。蔡仁贵瞥了我一眼说，不管你信不信，天鹅的那种美，完全可以让人灵魂出窍。

显然，蔡仁贵是一个爱鸟的人。只有爱鸟的人，才会有这样细致的观察，以及独特的感受。

## （四）

蔡仁贵所说天鹅越冬的花园水库，前身是叉湖水库。天鹅是哪一年开始一对两对在花园水库越冬的，蔡仁贵真不知道。总之，是鹭鸟、豆雁、野鸭很多。他印象深刻的是2015年以后，天鹅就慢慢多了，最多的时候有上千对，花园水库也就成了他心目中的"天鹅湖"。蔡仁贵说，要讲上村庄与鸟的趣事，一昼也说不完。从他沉浸、陶醉的讲述语境中，我还原了他冬季在"天鹅湖"的护鸟场景——

俗话说："霜降杀百草。"的确如此。花园水库四周的芭茅、黑麦草、蜀葵、狗尾巴草、蒲公英都枯的枯，黄的黄了，甚至有的只剩下光杆了。唯独，香樟树、湿地松、毛竹还是葱郁一片。蔡仁贵从家里到花园水库的直线距离只有二三百米的样子，平常走路转来绕去也就十多分钟。一般，蔡仁贵傍晚去花园水库是不会空手的，要背上蛇皮袋，内里装上20斤左右的玉米或稻谷。冬天，天寒地冻，许多地方都是拱起的冻土，水凼都结冰了。还有，遭遇冬汛，大量的洲滩被淹没了，造成天鹅与候鸟觅食困难。它们能不能找到食物来源呢？政府从保护的角度出发，提供的玉米、稻谷，是让护鸟人撒给天鹅的食物。从某种意义上说，蔡仁贵每天的巡护，隔天一次的撒玉米、稻谷，是在巡视天鹅在越冬栖息地安全的基础上，进一步持续补给天鹅的口粮。

当然，也有揪心的时候。一次，蔡仁贵巡护时遇到受伤的天鹅在花园水库边的泥水潭里飞不起来了，他顾不上泥陷，以及水的刺骨，把"未成年"的小天鹅抱到了安全地带。蔡仁贵发现小天鹅是翅膀上受伤，作了简单的包扎，看到小天鹅吃过食物之后跃跃欲试，能够飞了，他才放心地离开。

第二天一大早，蔡仁贵赶到花园水库，看到包扎了翅膀的天鹅在飞，他心里感到从未有过的熨帖。

好几年了，蔡仁贵喜欢去"天鹅湖"巡护或者分食时与天鹅相处的氛围。天鹅梳羽，伸长脖子啄食，还有排成"一"字或"人"字队形，边飞边鸣的样子，都是他每天希望看到的。

## （五）

院子半敞，没置院门。倚着、搁着的木料，都是蔡仁贵拆除养猪场的旧物。走出院子，就是望牛墩的机耕道。我跟着蔡仁贵走，脚底灰扑扑的，还有一股燥热升上来。

转瞬，就看见蔡仁贵承包的稻田，还有花园水库了。

天上的云，像棉花，一团一团的，飘忽，无序。在稻田之上飞舞的鹭鸟，以及水鸽子，似乎比云团白得多。鹭鸟，好比是村庄田野上的又一种云朵。蔡仁贵见怪不怪，我不禁拿起手机进行了定格。蔡仁贵惬意地说，等到霜降，天鹅来到"天鹅湖"的样子才好看呢。说实话，我倒是挺羡慕蔡仁贵的，不是别的，是他心中藏着一个"天鹅湖"，还有坐在堂前，就能够听到天鹅的哨音。

# 在曹门，与候鸟为邻

## （一）

木船在岸上倒扣着，等于是底朝天。朝天的一面，横着木桨。泊在水里的，以及湖面上行驶的，既有铁壳船，亦有木船。木船的纹理，铁壳船的锈迹，容易让人想起渔民房屋的板壁与砖墙的斑驳。湖面上没有桅杆，也没有帆影，只看到不远处有高高耸立的观鸟台。

湖水不比海水，海水涨落很快，湖水是退，慢慢地退，应该说是隐退更为精确。这不，临近立秋了，金溪湖的水位还是比往年明显偏高，湖汊、草滩还淹没在湖水之中。即便湖边的芦苇、铁根草，也只露梢头。前方观鸟台的位置在金溪湖岸边，称刘家咀。实际上，原先是叫金溪咀的，岸边住着刘家村，就俗称刘家咀了。

弯曲，逼仄，是曹门村村委会靠金溪湖岸通往刘家咀的便道。曹门村党支部书记万定成领着我们从村委会七拐八拐到刘家咀，已经临近中午了，几户渔民刚刚从湖上捕鱼回来。毕竟，渔船是泊在湖水里，与岸边隔着一小段距离。泥浆、水凼,或有水痕的地方,都是湖水浸泡过的,软而泞,容易陷,湿了鞋不说,泥水还会黏黏糊糊的粘在鞋上。万定成顾不了这些,他一个箭步就踏了上去。从彼此的言谈举止中可以看出,无论男女还是老少,他们对万定成不仅熟悉,且尊重。我没有跟着万定成上船去看渔民捕了什么鱼,捕了多少鱼,而是站在岸边听他们像拉家常地聊天。

渔民刘长龙没有来得及捞船舱里的鱼,他提了半桶湖虾,是白净晶莹的那种淡水虾。我问老刘看到刘家咀候鸟最多的时候的境况,他见怪不怪的样子,一脸的淡然,说在家门口就能看见候鸟,到处都是。

## (二)

如果说,湖泊多的地方,生活应是滋润、悠闲、灵动的,那鄱阳湖南岸的进贤县就属这样的地方。军山湖、青岚湖、金溪湖、杨坊湖、韩家湖、邹坊湖、洲笛湖、童家湖……恐怕一口气数都数不过来。"三山三水三分田,一分道路和庄园",多好的自然条件与家园的比例。诚然,水产与候鸟都是进贤的一张名片。我从昌万公路转到三里乡的时候,首先感受到的是军山湖的气息。其实,进贤的军山湖、青岚湖、金溪湖等,都是与鄱阳湖相通的。

以曹门村为中点,在三里乡与刘家咀之间可以拉一条东南向西北方向的斜线。与万定成坐在曹门村村委会,放眼就是金溪湖,还有金溪湖特大桥。蓝天下,金溪湖的湖光,仿佛是时光的折射。据说,曹门是个聚族而居的村庄,先有吴、曹二姓居住。而万姓的迁入,是以明朝天顺二年(1458年)的万永戴为始迁祖的。后来,南昌熊家村遭遇洪灾,村民万宗道收留了熊家的孩子熊兰,并且抚养成人。熊兰进士及第,走上仕途,他报答万家的养育之恩,在村口修筑了"曹门"牌楼。虽然牌楼不在了,但曹门万家的善举依然在流传。

时光的远近,有时好像是错觉。波光粼粼的金溪湖,鳞次栉比的村舍,都在我眼前。事实上,我与万定成更多的话题都集中在候鸟的保护上。万定成是土生土长的曹门村人，只不过在外地做生意多年。如果不是2014年回到村里任村委会主任，2017年"二推一选"高票当选村党支部书记，他做梦也不会想到一年有半年时间与候鸟打交道。想想，一个有着5000人口的村庄，以捕鱼为生的渔民就有3000人左右，流动性强。万定成觉得，自己从当选村党支部书记的那天起，肩负保护候鸟的责任更大了——因为，村党支部书记是村里候鸟保护的第一责任人。

## （三）

往往，湖水隐退之后，草滩显现，芦苇、南荻、水蓼，以及芒葳蕤，都以神秘的绿色在勃发。

2017年秋天，一位外地老板看中了曹门村刘家咀的4800多亩"浮洲"（草滩），找到万定成想出资30多万元承包下来。30多万，对于一个并不富裕的村委会可不是一笔小数目。然而，草滩租了出去，那么多的候鸟在哪栖息觅食呢？万定成一口回绝了。

既然，外地老板租不成，本地人种农作物总可以吧。不久，村里有人盯上了家门口的草滩。谁也不会想到，万定成也没同意。他和村干部一家一户去做群众思想工作，道理只有一个，只要在草滩上动锄开荒，对候鸟的栖息觅食都会有影响，宁愿勒紧裤带，也不能与候鸟争地。同时，他积极向上级争取湿地保护生态补偿。

万定成常说，胡玉华是进贤县野保站的站长，他在曹门村挂职扶贫第一书记，一是说明县里对曹门村扶贫工作的重视；二呢，说明曹门村候鸟保护工作责任重大。

去年春节前的一天，正是候鸟集中的时候。一大早，万定成就带着村委会几个干部去刘家咀草滩巡逻，主要是巡查湖区有没有鸟网、毒饵等危害候鸟安全的隐患。一旦发现鸟网、陷套、毒饵，就立即收缴。走着走着，许是万定成精神都集中在前方草滩上了，没想到，在草坡边一个趔趄，他滑

周海燕 摄

护鸟者说

到水沟里去了。是胡玉华与万海荣搭着手,迅速把他拉了出来。好在,水沟里的水不太深,只是淤泥太多,不然,后果不堪设想。想想,那是零下1摄氏度的寒冬,鞋袜、裤子都湿透了,那是怎样的感受?问题是,草滩上巡逻,全靠双腿走路的,前不着村,后不着店。大伙都劝万定成早点返回去换衣服,他没有答应。懊恼归懊恼,自责归自责,万定成还是选择咬着牙继续向前去巡逻……万定成说,自己与胡玉华、万海荣、万胜文几个村干部情同手足,一定能够把村里的事情办好,一定会把成千上万的候鸟保护好。俗话一句,兄弟同心,其利断金嘛。

## (四)

确实,万定成所说成千上万的候鸟令人着迷。然而,成千上万,只是一个形容的虚数。

究竟,进贤县每年越冬的候鸟有多少呢?

对进贤县候鸟的家底,鄱阳湖国家级自然保护区管理局进贤监测站站长易武生最为清楚,他提供的数据是:天鹅10000多只,䴉鹬类10000多只,灰鹤600多只,白鹤20多只,东方白鹳300多只,雁类鸭类最多,有30000只左右,而黑鹳精确到了个位——12只。当然,他还可以再细分,包括有多少留鸟。

万定成说,到三四月份,金溪湖的候鸟大部分都陆续往北飞了,热闹的湖面就安静了下来。说实话,每年从十月开始,到次年的三四月份,整个人的神经都是绷得紧紧的,生怕在候鸟保护上出什么纰漏。几年下来,村庄保护候鸟的成效是看得见的,现在候鸟碰到渔民的地笼或渔网,渔民都会自觉地将候鸟放生。

是的,于候鸟而言,草木是自然的障眼法,金溪湖呢,却如同是映出人心的一面镜子。渔民保护候鸟的意识在增强,这是一个好的标志。候鸟在金溪湖欢叫,那是候鸟在湖面漾起的波纹。

不过，从万定成的话中，我不由想到了金溪湖候鸟保护的责任区。曹门村只是临近金溪湖的一个面，而整个金溪湖的范围连接着周边十多个乡镇。

候鸟的每一次迁徙，都是生命的远征。在候鸟的世界里，还有多少是我们未知的呢？

（五）

白云叠着白云，宛如绽放在金溪湖湖面与天空的花朵。苍鹭在湖面上飞舞，扇动翅膀的样子非常快。似乎，滑翔时是随着风的。偶尔，也会"嘎"地叫一声。然而，这一切非常连贯。渔船呢，吃水不深，它轻吻着的湖面，是广阔，还有辽远。

丘陵，村舍，田野，共同组成了曹门村的轮廓，点缀其中的是香樟、槐杨、合欢、枣树。田野上，是阳光倾斜的绿意。而坡地上呢，芝麻与玉米的色调反差明显，芝麻茎叶是绿绿的，层层叠起的花朵是白色的，玉米的杆与叶却是枯黄的。只有风，以及鹭鸟的鸣叫，不住地传递着金溪湖的气息。从村委会到刘家咀岸边约莫1公里的路程，而从万定成家走也就多三分之一的路程，等于是在与候鸟做邻居。我与万定成边走边聊。细想，也真是，一个人，或一个村庄，能够与鸟为邻，那是多好的景象。

"候鸟是有灵性的，感觉让人亲近。现在，候鸟是村庄的一部分了。"万定成如是说。

# 护鸟天地间

傅菲

2019年1月,我从南昌辗转到鄱阳县,再辗转到莲湖乡龙口村,我找到了护鸟人李昌仕。骄阳似火。乡村公路在田畴和丘陵间弯来拐去,热浪从地面上水蒸气一般蒸腾。齐腰的禾苗旺旺地漾,低矮的山梁如咆哮的波浪,翻卷地涌。小白鹭在田头飞,三五只。

莲湖乡是一个岛乡,位于县城西南,鄱阳湖东南岸边,地域宽广,以沙洲、湖泊、丘陵、田畴为地貌。是候鸟迁徙鄱阳湖主要越冬地之一。莲湖乡人口稠密,均为汉族江右民系,有村委会30余个,总人口逾7万。人多,鸟多,早年偷捕候鸟之事,常有发生。

我从县城出发时,给我带路的鄱阳县野生动物保护站原站长杨先生,在电话里对李昌仕说:你在家里等我,不要出船了。

杨先生自农校毕业,做了22年的野生动物保护工作,他的摩托车行过每个村的机耕道,他的双脚走过鄱阳县的每一片沙洲。他壮实,腿脚粗,皮肤晒出瓦的颜色。他对我说:李昌仕这样的护鸟人太难得了,义务护鸟24年,风雨不落,是个实实在在的鸟痴。

车子在龙口码头李敦青(龙口村委会主任)家门口停下,一个身材敦实铜色脸庞的老汉从土路走过来。李敦青向我介绍:他就是李昌仕。我和他握手。他的手很粗糙,很厚实,很有力。他让我有这样的感觉:他的身形样貌,因鄱阳湖如火的烈日和尖刀般的寒风所雕塑。

李昌仕生于1956年,地地道道的莲湖乡人,世代渔民。他个子不算高大,但魁梧结实,皮肤黝黑。他宽阔的脑门,像初夏的鄱阳湖,洒满了和煦的阳光:静谧的,乐观的,有着湖波般的笑容。可能他出汗过多,脸上有汗渍之后的盐白。他厚实粗大的脚,像煅烧出来的,走路沉稳有力,每踏出一步,路面扬起轻轻灰尘。他的脚趾似有吸盘,紧紧抓住空空荡荡的皮凉鞋。他挽起裤脚走路——在我眼里,他不像是走路,而是在趟河或走淤泥滩——在龙口码头到他

棉凫与水雉
周海燕
摄

水雉
周海燕
摄

家的路上,他在前面带路,我一直看着他的脚和他的后背。他的后背宽且厚实,灰褐色的短袖衫贴背湿出一块南瓜叶大——他是个善出汗的人。他的鬓发缀着细细白白的汗珠。他一边走,一边说:"鄱阳湖的冬天,刮骨一样冷。天越冷我越得去沙洲走走。鸟冷,也没个地方躲风。"

因岛屿如莲花盛开于鄱阳湖,遂取名莲湖。虽是岛乡,文化底蕴十分丰厚。朱氏先祖禹二公因不堪黄巢起义兵戈攘扰,于公元834年,自金陵沿长江南下,来到莲湖定居,历五世而人烟繁盛,兴建宗祠,后称五湖祠。1130年,宋高宗赵构南渡,至莲湖,赐建楼阁,环依五湖祠,名为:"环楼"。1375年,朱元璋见此楼阁,赞曰:"青山影影,绿水凄凄,环楼耸翠,御笔亲题。"莲湖乡瓦燮坽村,古称瓦屑坝,是一个古老的渡口。洪武三年至永乐十五年(1370—1417年),历时48年,有数十万饶州人,由官方组织外迁安庆府一带,开田垦荒。自古以来,烟波浩渺的鄱阳湖和丰厚的渔民文化,塑造了莲湖人剽悍坚韧的性格，和淳朴浪漫的心灵。

"太阳从一团雾霭中升起，仿佛要被那柔情和暖意融化似的。在一两个小时之内，天空没有动静，充满了低沉的吟唱，那是唤醒大地之声。裸露的树木含情脉脉，带着期盼的目光。从附近某片没有开垦的地面上，传来了歌雀的第一声啼鸣。由于熟悉，它令人感到如此亲切，同时也如此悦耳。不久，便响起了大合唱的声音，轻柔动听，含着略微克制的欢喜。蓝鸲用颤声唱着，知更鸟呼唤着，雪鹀叽叽喳喳地叫着，草地鹨发出了她那洪亮但不乏温柔的啼鸣。在一片荒弃的田野上，一只兀鹰低低地盘旋，然后，落在栅栏的杆上。它伸展着颤抖着的羽翅，直至站稳。这是温暖柔和、云雾缭绕的一天。雪后泥泞的路面，多处已经变干，看上去令人惬意。我走过边界，越过墨里迪恩山。沿着无泥的路行走，扑面而来的暖意令我心满意足。牛群哞哞地叫着，渴望着注视远方。我对它们充满同情。每逢春天来临，我几乎都有一种无法抵制的、企盼上路的欲望。那种久违了的游牧者的本领在我的心中激起。我渴望上路。"我在鄱阳县莲湖乡龙口村邹家自然村李昌仕家，看到他握在手上的洋铲时，我想起了美国自然文学作家约翰·巴勒斯在《在首都之春观鸟》（程虹　译）写他在清晨观鸟的情景。

约翰·巴勒斯是个博物学家，李昌仕是个农民。

约翰·巴勒斯是个鸟类观察者和记录者，李昌仕是个鸟类守护者。

约翰·巴勒斯出行带一个望远镜，李昌仕带一把洋铲。洋铲用于掩埋死鸟和防身。作为土生土长的莲湖人李昌仕，我从他的双脚上，便看出了不畏风霜雨雪、坚持到底的性格。

"我从小就喜欢鸟，看到鸟在天空飞，看到鸟在沙洲吃东西，我心里就快活。"李昌仕说。

在20世纪90年代初期，龙口村常发生捕鸟猎鸟的事情。龙口在鄱阳湖边，秋冬交替之际，天鹅、大雁、鹬鹆等水鸟，从西伯利亚，飞越千山万水，来到鄱阳湖越冬。龙口周边的草洲，是候鸟主要越冬地之一。草洲开阔，有百余平方公里面积，草芽鲜嫩，鱼虾螺蚌丰富，水鸟很爱栖息在这片草洲。附近村子的村民，在草洲上架丝网，捕鸟。网一般是晚上架，清早收鸟。有一次，李昌仕撑船去瓢山岛附近的湖里捕鱼，见鸟网把瓢山岛全围住了。瓢山是个小岛屿，有1平方公里，距离龙口村约30里。在丰水期，瓢山半沉于水中；在枯水期，瓢山完全露出来，像一艘停泊的巨船。瓢山有丰富的植被，郁郁葱葱，是候鸟夜宿的理想之地。瓢山远离人烟，成了非法捕鸟人偷猎鸟的"首选之地"。李昌仕爬上瓢山，拔鸟网，整整拔了半天，堆起来，比柴垛还大还高。他从渔船里拎了一桶柴油，浇在渔网上，一把火，把鸟网烧了。

鸟网上，挂了十几只死鸟，羽毛零散，翅膀折断。李昌仕把鸟埋在了土里。他心里有说不出的难受。鸟从万里之遥飞来，来到了鄱阳湖，是鄱阳湖的客人，也是鄱阳湖的主人，死在一张丝网里，逃脱不了非法捕鸟人的毒手，他万般难受。

龙口人是世世代代的渔民，晚上撒网，早上收网。他们迎着日出，出湖；送着日落，晚归。湖养育了龙口人。李昌仕是渔民，和朋友合伙买了一条渔船，出没风波里。每次出湖，李昌仕多带了两件东西，一件是洋铲，一件是镰刀。洋铲是埋死鸟的，镰刀是割鸟网的。

《中华人民共和国野生动物保护法》在1988年底，实施伊始，基层执法队伍还处于组建状态，机构并不完善，办案条件十分有限，因此执法力度和打击偷猎野生动物的力度，也十分有限。在鄱阳湖区，偷猎天鹅大雁，也十分常见。尤其在20世纪90年代初期，浙江、广东等地不法商贩，来到鄱阳湖区，大量收购天鹅、大雁等野生动物，运往沿海发达地区，赚取高额利润。湖区少数不法分子，便以猎杀候鸟为生。李昌仕在草洲，也常见鸟网，一排排挂起来。

有一次，他正在割鸟网，被架网的人看见了。架网人是邻村的，彼此熟悉。网鸟人"质问"李昌仕：你凭什么割我鸟网，你又不是执法人员，你要赔一副鸟网给我。网鸟人气势汹汹，语气霸道，态度蛮横。李昌仕说：网是你的，鸟不是你养的，鸟属于鄱阳湖，你非法捕猎，还强词夺理，你再不讲理，我去森林公安报警。网鸟人拉开架势，想和李昌仕动手。李昌仕四十出头，一副好身板，撩起衣袖，说：打架，我从没怕过谁，凭你一个偷鸟人，还敢跟我动手？你敢动手，我就把你撂倒在这里，绑了你，直接送公安局。网鸟人一看李昌仕那副水牛发怒一样的架势，霜打茄子一样打焉了。

1996年10月，龙口村委会组织成立了老年护鸟协会。协会有会员15人，年龄在50岁至70岁，主要职责是看护龙口村辖区内的冬候鸟。40岁的李昌仕"破格"被吸收为会员，成了义务护鸟人。

从这一年开始，每逢冬候鸟来临，他一个人扛起洋铲，带上干粮（面包、泡面、馒头）和两包香烟，带上水，带上镰刀，去瓢山岛、长山岛、珠山岛护鸟。长山岛、珠山岛和瓢山岛一样，都是小岛，但也都是候鸟主要营巢地，距龙口远，有20余华里。李昌仕隔天去巡查一次，巡查一次至少走（往返）7个小时滩涂沙洲路。

在李昌仕家里，我见到了他的水壶：不锈钢外形，套了一个黑皮套，皮套有一条黑带子，可以背在肩上。水壶足足可以灌一升水，保温半天。李昌仕说：雨靴、水壶、雨衣、香烟、洋铲、干粮、打火机、镰刀，每次出门检查一遍，一样不能落下。洋铲既可以埋死鸟，也可以防身。以前他是不怎么抽烟的，可他一个人走在一眼望不到边的沙洲上，草枯草黄，忍着寂寞，只有抽烟。

候鸟来临，每次去巡护，他早上8点出门，到了傍晚才回家。巡护了一个多月，他的爱人李九枝对他意见很大，常常数落他：家里的地也不种，孩子长大了，要娶媳妇，处处都是用钱的地方，你也不去赚钱，这个日子怎么过下去？李昌仕是义务护鸟人，没有一分钱报酬，他理解爱人的想法。每次李九枝数落他，他弥勒佛一样笑哈哈，安慰他爱人，说：

"孩子大了，自己会去挣钱，钱哪挣得完呢？可以过日子就行了。可鸟被人网住了，或者被人投了毒，鸟便死了，死了一只，少了一只。有人架网，有人投毒，鸟第二年不会再来。鸟不来，鄱阳湖没了鸟。没了鸟的鄱阳湖，就不是鄱阳湖。"

数落归数落，李九枝自己下地种菜。

鄱阳湖的天气，变化莫测。早上是暖暖的冬阳，到了中午，乌云盖顶，暴雨倾泻。草洲是没有路的，每一次走的路线，也都不一样，外地人不敢进入湖区草洲，会在雨中迷路。李昌仕不会迷路。暴雨之后，便是猛烈的寒风，呼呼呼，整个草洲卷起一团团的风声。

风是寒风，刮骨般，吹在脸上，似乎可能把脸肉割下来。李昌仕戴一顶大棉帽，把头裹起来。雨后的草洲，黏湿，泥浆粿着雨靴，每走一步，都十分艰难，双脚像灌满了铅，回到家里，已是摸黑了。

村里有人取笑李昌仕，说："你冒寒风暴雨巡查，一个人走十几个小时，没一分钱回报，你不是相当国家干部了。"

有人说得更恶毒："政府是不是每年发奖状给你，奖状可以当人民币用，以后娶儿媳妇没钱，奖状可以当聘礼啊。"

也有好心的人，问："李昌仕啊，防身的东西要带上，我们这一带，野猪多，野猪可伤人了。"

村里取笑他的人，他不理睬，他淡淡说一句：
我不求报，不求奖，我求心安，我喜欢鸟，我不想看到鸟死在我们鄱阳湖。

他无畏风雨，一个巡护，走遍了龙口村百余平方公里，一个冬季下来，没人架天网，没人投毒，候鸟在来年四月，平平安安地回到了故乡。村里再也没人取笑他了。他老婆也不数落他了。村里人知道，到了秋冬季，会有更多的候鸟会来到村里。

2002 年，老年护鸟协会名存实亡，除了李昌仕，再也无人巡查护鸟。因为有的老人已经故去，有的老人太老了，走不了路，而新会员一直没有发展。护鸟人，是孤独的人，

长条鸳鸯
周海燕
摄

护鸟天地间

在寒风雪雨中，独走天地间。护鸟人像鄱阳湖边的牧人，放牧着孤独和寂寞。

2003年春，村里大部分青壮年去浙江、上海、江苏、广东等发达地区赚钱，进工厂，或做手艺，或做小生意。李昌仕自己的同胞兄弟也在浙江赚钱。在城市讨生活，虽然艰难，但和捕鱼相比，还会更轻松一些，来钱也会快一些。他的两个儿子也在浙江做事。李九枝比李昌仕小一岁（生于1957年），对他说：我们去浙江找事做做，家里得积攒一些钱。李昌仕说：我得想想。

想了一个月，也没给他爱人李九枝答复。李九枝说："我知道你想法了，你不会外出挣钱了，天塌下来，你也不会离开龙口，你舍不得天上飞的鸟。"

2006年初夏，身强力壮的李九枝在家里，突然得了脑梗。在李昌仕一家，这是天大的事。幸好，李九枝抢救及时，命留了下来，但右边半身不遂，没有了行动能力。李昌仕要种地，要烧饭，要照顾爱人。他哪儿也不去了。秋冬交际之时，候鸟来了，李昌仕把女儿叫回了家，帮忙照顾——他要去巡护，他做不到扔下候鸟不管。对于李昌仕来说，护鸟，是他最重要的事情。为了候鸟，再大的生活困难，他都要克服，他一个人克服不了，请全家人一起来共同克服。他一次也没落下巡护。

2007年，鄱阳县在龙口村实施了全球环境基金（简称GEF）的"白鹤项目"，实行"保护白鹤与社区"共建。李昌仕通过这个共建项目，认识了鄱阳县野生动物保护站的人，他才意识到，鸟不仅仅需要人的保护，更需要法律的保护。他去各家各户散传单，宣传候鸟保护知识、识别候鸟、宣传《中华人民共和国野生动物保护法》。他"着了魔"一样，还把传单散发到相邻的几个村子，张贴护鸟标语。他特意买了一部手机，用于和保护站的执法人员联系。他遇上有人架网、投毒、捕杀候鸟，便请执法人员前来执法。李昌仕还把自己的电话，告诉本村和邻村的人，为护鸟提供线索。

2008年1月3日开始，南方连降暴雪，发生大面积特大冰雪灾害，鄱阳湖浅水区完全冰冻了，沙地和草洲满是皑皑白雪。没膝深的积雪，铺得天地茫茫如白野。村里的树，被雪压断，倒了一片。村里的人窝在家里，再也不出门。李昌仕穿着厚厚的大衣，扛着洋铲，去沙洲了。雪大，盖住了草，天鹅、灰雁、灰鹤、鹤鹬、凤头麦鸡会很难觅食。这个时候，假如有不法分子，给鸟投毒，鸟会大面积死亡。李昌仕天天去巡查，走瓢山岛，走珠山岛，走长山岛，一趟来回，得走10个小时以上。每次巡护回家，他都冻成了一团。

冬天的鄱阳湖草洲，食物丰富，除了鸟类，还有野生哺乳动物来觅食。野猪成群结队，神出鬼没，拱草地下的植物块茎吃。狐狸和鼠狼也会来，在草洲打洞安家。2017年冬，李昌仕和野生动物保护站的执法人员，去瓢山岛巡护，走到草洲中间地带，突然闯出一群野猪，有十几头，领头野猪有300多斤重，獠牙像两把钢刀。野猪张开嘴巴，噢，噢，噢，叫得让人心惊胆战。

20余年了，龙口村辖区内的100余平方公里候鸟栖息地，无发生一起架设天网、恶性毒鸟事件。鄱阳县野生动物保护站原站长杨先生几次对我说："我们在一线从事护鸟工作的人，再苦再累，我们都可以熬下来。大冬天，我在鄱阳湖淌水，过草泽地，一天走十几个小时，我熬下来了。我没有帐篷，没有被子，在草洲上，生活了一个星期，冻得我双眼流泪，我熬下来了。但我忍受不了外界对我工作的误解。我替每一个护鸟人委屈。有人看见几只死鸟，往网上或自媒体晒，大骂我们，我忍受不了。鸟死了，谁都难过，可鸟的死因有多种，不能把鸟死了，归咎于我们。鄱阳湖这么大，我们从来不敢怠慢休息，整个冬天，都在湖边看守，没有情怀的人，一个星期也干不下去。李昌仕这样的义务护鸟人，更艰难了，没有一分钱报酬，没有交通设备，全靠一双脚走，一个冬季下来，吃干粮的钱，买雨靴的钱，都是他自己的。他还要倒贴电话费。2017年和2018年，保护站挤了不多的钱，给他补助。他这样的人，5000平方公里的鄱阳湖区，也只有他熬了下来。从满头浓密黑发，到今天鬓发霜白，他走了多少路去护鸟，谁都算不出来。"

因为守护候鸟，李昌仕离开龙口村，从来不超过两天。去年他在江苏的外甥女结婚，他待了一个晚上就回来。亲戚间十几年难得走动一次，想多留李昌仕几天，去苏州、扬州走走看看。李昌仕说：冬天，候鸟多，得看着，一天不看，睡不着。他一个人倒了三趟车又回到了龙口村。

在他龙口，我见到了他爱人李九枝。她瘦瘦，说话有浓重的莲湖口音。她可以正常走路，可以正常说话，记忆力也好。只是她的右手还受不了力，撇着。李昌仕已有10余年不出船捕鱼了。他在湖里放虾笼，收龙虾，赚生活开销。他身体很健旺，壮实。他是个乐观的人，说："我看到鸟满天飞，比什么都开心。我喜欢鸟，任何鸟都是好看的，任何鸟叫起来，都是好听。护鸟，虽然艰苦，但是快乐。我做了快乐的事。"

去年，即2108年，冬天。李昌仕去瓢山、去外湖区护鸟，多了一个伴。这个伴只有14岁，叫李小龙，一个初中生。李小龙是他孙子。每次去护鸟，他给孙子讲鄱阳湖的故事，讲鸟的故事。他有讲不完的鄱阳湖的故事，鸟故事。李小龙听得津津有味。在茫茫草洲，一老一少，一高一矮，天地之间，他们显得无比亲密。

# 天鹅来到落脚湖

傅 菲

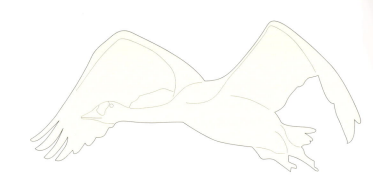

1363年，即元惠宗至正二十三年，是历史上，最惨烈的年份之一。陈友谅屯兵60万于鄱阳湖，大战朱元璋20万兵马。朱、陈双方几败几胜，朱元璋最后以火攻，灭陈兵，射杀陈友谅。《明史本纪太祖传》载："廿三年秋丁亥陈友谅号兵六十万,陈与太祖遇于康郎山,太祖分军十一队御之。"

当年的主战场在余干县康郎山。康郎山是湖中孤岛，四面环水。湖名大明湖，处于鄱阳湖南岸，总面积13万余亩，水位常年在3米左右，是江西省第二大内湖，被康山大堤圆弧形拦截，如一个大脚盆。比邻大明湖，有草洲，名甘泉洲，在围堰筑堤以前，乃茫茫湖泊。朱元璋兵马屯于此安歇，饮水洗马，谓落脚湖。湖已经消失了，地名却一直沿袭了下来。落脚湖有土名，当地人称四万亩，可见苍莽广阔，是余干人粮食主产地之一。围湖而成的良田，水系发达，土地肥沃，可耕种，可养殖，是余干县的一块宝地。

秋冬交替之际，天鹅来这里过冬。在虾须草肥美的水渍地，在芡实丰盛的水塘，在收割后的稻田里，几千只天鹅落在这里，蔚为壮观、一派欢腾。落脚湖，是天鹅在鄱阳湖主要栖息地之一。

落脚湖大部分面积，归落脚湖开发局管理。落脚湖与古竹乡相连相通。古竹乡距县城约15公里，有1.8万余人口，以种植、养殖为主要产业，在20世纪80年代之前，捕捞业为主要产业。

古竹乡人不失鄱阳湖区的人彪悍。

古竹乡朱家村，在落脚湖边，有不少村民，租用落脚湖的良田种稻，或挖塘养鱼，或挖塘种植莲藕、芡实。朱福华是其中之一。

夏天，正是荷花旺开的季节。我执意请朱福华，带我去落脚湖看看。去时，正是中午，烈日炎炎，烤着大地。荷花在旺烧，如一盏盏托在荷叶上的灯笼。我第一次见到了大面积养殖的芡实。

芡实是睡莲科芡属一年生的水生草本植物。沉水叶箭形或椭圆肾形，浮水叶革质，椭圆肾形至圆形，叶柄及花梗粗壮，花内面紫色；萼片披针形，花瓣紫红色矩圆披针形或披针形，浆果球形，污紫红色，种子球形，黑色。7～8月开花，8～9月结果。弘景说："此即今子也。茎上花似鸡冠，故名鸡头。""芡实喜温暖、阳光充足，不耐寒也不耐旱，生长适宜温度为20～30摄氏度，水深30～90厘米。适宜在水面不宽，水流动性小，水源充足，能调节水位高低，便于排灌的池塘、水库、湖泊和大湖湖边。要求土壤肥沃，含有机质多的土壤。以种子繁殖。"这些特性，使得落脚湖非常适合种植。

朱福华家中世代行医。他却是个例外。他选择了中药种植。芡实干燥成熟种仁，具有益肾固精、补脾止泻、祛湿止带的功效，主治梦遗、滑精、遗尿、尿频、脾虚久泻、白浊、带下。素有"水中人参"和"水中桂圆"的美誉，是传统的中药材和珍贵的天然补品。

在种植芡实时，朱福华守护者落脚湖的天鹅，及其他冬候鸟。

朱福华，1983年生，高中毕业，清瘦但结实，个头高挑，因常年在野外暴晒，皮肤黝黑。他说话有浓重的地方口音。

朱家村，是一个有着300余户的大村，以朱姓为主。在20世纪七、八十年代，朱家村人因团结、剽悍，而被其他村人所格外尊重。朱家村田地多，但饱受洪水之害，生活水平比较低下。物资贫乏，对物质资源的争夺，也格外激烈。冬候鸟，成了物质贫乏年代的"牺牲品"。那时，捕杀冬候鸟，贩卖冬候鸟，宰杀冬候鸟招待客人，成了"正常现象"。朱福华从小目睹捕杀冬候鸟、宰杀冬候鸟，每次见了那样的场景，他会很难过。一只活活的鸟，转眼间便死了，这让他难以接受。2008年，朱福华开始把守护候鸟，当做自己义不容辞的任务。

从朱家村到落脚湖，有十几里路，他开一辆摩托车，早晚各巡查一次。有人架网，他也不管谁，把网拔了。拔了网，

神兵天降 · 天鹅
叶学龄
摄

他还要找到架网人，当面劝说：鸟活一辈子只有一条命，一张网架起来，要死上百只鸟，谋了这么多命，损了德。通情达理的人，把网收了，再也不架网。

不理解他的人，和他呛起来，说："你是什么人？你不是干部，不是执法人员，凭什么管我？"

"我是好心劝你，我不好心相劝，我直接报告森林公安。我们本乡本土，我不想你为了捕几只鸟而关进牢房里。捕一只天鹅关一年，你算算，网架起来，死个十几只天鹅，你半辈子蹲牢房。你说说，我劝你，是为你好，还是为谁好。"

也有讲蛮的人，见朱福华拔自己的网，要找他打架，撩起衣角衣袖，想干一场。朱福华可不是个软蛋，也撩起衣袖，说："朱家村人打架，从没怕过哪个村的。我朱福华打架，还没怕过人。你非法捕鸟，还敢动手？我马上把你扭送到森林公安，你看看，是你厉害，还是法律厉害。"

2013年冬，他巡查的时候，发现了一只天鹅受伤了。他送到了野生动物保护站，收容了。捕鸟的人少了，毒鸟的人没有了。冬候鸟在落脚湖过冬，一年比一年多。在越冬季节，他一天也不敢离开落脚湖。

2014年，在落脚湖，他第一次见到有人架天网，长上千米，围成十几个"回"字形。网刚架上去，还没有鸟落网，被他发现了。他拔竹竿，把网收在一起，架一把火烧了。朱福华说，假如这个网隔了一天发现，网死的鸟会有上百只，也可能上千只。架网的人是他本朱家人，是个老汉。他找到老汉，说："叔，捕鸟违法，架天网会坐牢的。天鹅、大雁、野鸭，都是国家保护动物，得保护小孩一样，保护它们。"

老汉目不识丁，说："抓鸟也违法？我活了几十年，还是第一次听说。"

老汉的话，让朱福华哭笑不得。他给老汉讲法律知识，说，捕鸟、杀鸟、卖鸟、吃鸟，都是违法的，鸟受法律保护。

这件事，给朱福华很大启发，他觉得给村民宣传法律知识，和自己天天巡查一样重要。村民懂法了，才会知法守法，不会去捕鸟。

他吃了晚饭,开始去串门。他一家一户去坐,讲爱鸟护鸟。第二年,村里再也没人去捕鸟了。

村里没人去捕鸟,不等于鸟就安全越冬了。外地人会来。2015年冬,有一天晚上,天黑得伸手不见五指。落脚湖来了一辆车,灯光格外刺眼。车停在种植芡实的塘边,亮起了手电。被朱福华发现了。朱福华心想,摸黑来无人的落脚湖,开着车,肯定不会干什么好事。他开摩托车靠近车子。他们来了三个人,打强光手电,正蹲在塘边照天鹅。天鹅被强光手电照了,不会动,也不会叫。"这是三个偷天鹅的人。"朱福华心里有数了。他亮开嗓子呵斥一声:"你们是南昌人。车牌是南昌市的。你们跑到这里偷天鹅,是不是以为神不知鬼不觉呢?这里的天鹅,好几年都没被人偷过,都安安全全过冬。你想来这里干坏事,想错了。"

三个偷捕天鹅的男人,被突如其来的一声呵斥,吓得惊慌了起来,站起身,见只有一个男人站在面前,说:你不要多管闲事,不要惹祸上身。三个男人围过来。朱福华从摩托车后座,抽出一根钢筋头,粗粗的,握在手上,说:你们想打架?我这根钢筋头专门用来打偷天鹅的人,你们还不走,我马上报告野生动物保护站执法人员了。

被呵斥的三个男人,面面相觑,没想到偷鸟不成,还碰上了一个"硬核小叔",开起车子跑了。

落脚湖周边的村,朱福华都熟悉。大部分人,也都认识他,知道他义务护鸟。有人发现架网、捕鸟的行为,村民会给朱福华打电话。朱福华再忙,也要扔下手上的话,赶去现场。有时,他不在落脚湖,在县城,他就给石口镇的余泽英打电话,请他去现场。

石口镇在大明湖边上,离落脚湖很近。余泽英是个壮实英俊的后生,1990年生。别看他年轻,可他护鸟的"工龄"很长。他从读高中开始,便开始护鸟了。他18岁那年,第一次拔掉了插在他村子里的天网。

在余泽英的青少年时代，他生活的重洲村，捕杀冬候鸟的人特别多，捕获的鸟堆积如草垛，触目惊心。当地人捕鸟，有四种特别残忍的方式。投毒、架天网，是广为人知的残忍方式，还有两种更为残忍、更为恶毒的。一种是挂龙钩，一种是放排铳。

龙钩是弯钩，又粗又尖利，结在绳子上。湖边的草洲，把挂有龙钩的绳子，拉起来，一排排，密密麻麻，体型略大的冬候鸟飞过去，无一幸免，扎在龙钩上，挣脱不了，活活扎死。排铳更惨无人道。村人把鸟赶到一棵大树上，土铳上、中、下三排，一排九把或十几把，射杀鸟。鸟不管是低中飞，还是中高飞，都会被土铳的散弹射杀，放一次排铳，射杀几百只，甚至上千只。

天网、龙钩、排铳、捕鸟一次，可以装满一只小渔船。

那时，余泽英还是个学生，他偷偷护鸟，偷偷拔天网，偷偷剪龙钩绳。因为大量的非法捕杀，候鸟再也不来重洲村越冬了。

用朱福华的话说：我去不了落脚湖现场，就请求余泽英支援。

雷小勇是现任余干县野生动物保护站站长，从事野生动物保护工作20余年。他是余干县东塘乡人。2017年12月，雷小勇把致力于保护鄱阳湖野生动物的人，组织在一起，成立了余干县鄱阳湖生态保护协会，成立伊始，有会员60人，现有80余人。

余干县是湖区大县，人口多，地域面积广，处于湖区的核心乡镇有6个，有4条河流也是冬候鸟的主要栖息地。雷小勇壮实，看起来就是一个体力过人的人。他说，强壮的身体是常年在湖区巡查锻炼出来的。

他说了一个抓捕偷鸟人的故事。有一次，朱福华发现有人用气枪打鸟，他和朱福华一起去抓偷鸟人。偷鸟人跑了两公里，跑瘫了双腿，瘫坐在地上。雷小勇为了抓他，跑了将近3公里。偷鸟人没见过这么会跑的人。雷小勇在烂泥滩跑，把偷鸟人抓了。偷鸟人心服口服，问雷小勇：你跑得这样不要命，有多少钱奖金，你别抓我啊，我给你奖金。雷小勇说：没奖金，我的任务就是抓偷鸟人。

雷小勇说，余干野生动物保护工作，重点是两项，保护候鸟和宣讲法律。每年，野生动物保护站印刷至少5000份候鸟保护宣传单，在湖区各村散发和张贴。宣讲主要是宣传候鸟知识，和相关法律法规知识。湖区的各个学校，他都要去宣讲，尤其是康山。康山和大明湖是冬候鸟核心栖息地。

"知识的传播，会影响人的一生，会影响更多的人，让更多的人参与到野生动物保护。"雷小勇说。

余干在20年之前，捕鸟现象十分普遍，以捕鸟、贩鸟为生的人不会是个小数字，捕鸟手段十分残忍，行为非常恶劣。在我采访的5个湖区县里，算是最为严重的一个县。雷小勇是土生土长的余干人，他了解县情。他说，在20年前，余干湖区人的生活，十分依赖鄱阳湖，鄱阳湖养育了余干人。鄱阳湖的主要物产是鱼，以及越冬的候鸟。在那个年代，湖区人没有把候鸟当做保护动物，而是一种物产。

雷小勇说，在他自己学生时代，本村人都捕猎候鸟，被人收购后，卖到外地，本地人几乎不吃鸟。他说："很多人的学费，都靠卖候鸟赚钱支付。那个年代，已一去不复返了。"

余干是劳务输出大县，大部分的农村劳动力去浙江、广东、上海、江苏等地打工，或做生意。"湖区人对鄱阳湖的资源依赖越来越少了。"雷小勇说。

自2004年以来，余干没有发生过恶性非法捕鸟事件。重力打击非法捕鸟、非法贩卖野生动物，以及法律观念的增强，是野生动物保护有效工作的原因。另一个原因是民众生活水平显著提高，不会为了节省买肉钱去非法捕鸟，不会为卖鸟而冒判刑的风险。这是朱福华一再对我说的话。"候鸟保护，不像十几年前那么难做，现在，绝大部分人支持。我们坚持做下去，就会杜绝人为捕鸟。"朱福华说。

"现阶段，在整个鄱阳湖，对候鸟影响最大的，候鸟栖息地越来越萎缩。栖息地的萎缩，主要原因是人为破坏。"雷小勇说出了内心的担忧。他说："制止栖息地破坏，恢复破坏了的栖息地，不是一个人、一个部门、一个县，可以应对的。"

我查了一下子资料，鄱阳湖区各县，有部分县，依然以各种名义，在围湖造田。有田就有钱，把田外租出去，收承包费。我在湖区某县采访时，正好遇上当地环保部门的领导，该领导说：环境保护、野生动物保护，与经济发展有矛盾，要舍环境保护，让路经济发展。让人听得目瞪口呆。这样的歪理邪说，出自地方部门且还是主管职能部门领导之口，不是个别的偶然性。

从落脚湖回城，已是夕阳西下。稻田翻着涟涟绿色的波浪。芡实浮在塘面，恬静安美。朱福华说：到了秋末，这一片地方，落满了候鸟，有天鹅、白鹤、大雁、斑嘴鸭，十几万只，天鹅喜欢吃芡实，这里芡实多，天鹅来的多，吃得尽兴，吃得肥肥，离开鄱阳湖回到它的故乡。我说，天鹅吃芡实，那你经济损失很大。

朱福华指指一片芡实种植地，说："只要天鹅吃得高兴，我让它吃。天鹅来落脚湖，是我们的荣耀。这一片区域，种植芡实的人有很多，我们都有约定，让天鹅吃，不能赶它。因为这里也是天鹅的家。"

天鹅是非常聪明的鸟，机灵、敏感，不让人走近。但天鹅不害怕这些种芡实的人。他们在收芡实，天鹅在吃芡实。我对朱福华说：等天鹅来了，我要在落脚湖住几天，我想看看天鹅吃芡实呢。

白鹭站在河边，三五只，十几只，在呱呱叫，轻轻的。白鹭的身影倒映在水里，像一幅水彩画。落脚湖，真美。我在心里暗自赞叹。我更向往这里的冬天，候鸟不远万里，来到这里，来到它们梦乡中的家。

夕阳慢慢下坠。河流一片霞色。白鹭翩翩，飞到林中。待到秋冬时节，荷叶已枯萎，芡实叶也枯萎，水慢慢浅下去，露出塘泥和植物的幼芽。塘泥里有螺蛳、鱼虾，有蚌壳。幼芽甜甜。这一切都是候鸟的美食。

这里成了候鸟的天堂。

# 鸟恋

傅 菲　熊璐瑶

"泾"字，从水，从巠，巠亦声。"巠"释义："南北向的""纵向的（由高向低处的）"。"水"与"巠"结合，表示"南北流向的水流""由高处向低处流的水"。在南北流向的水流之口子上，称为泾口。南昌县也是鄱阳湖的湖滨县，处于赣江、抚河下游，境内河流纵横，如网交织。泾口乡是鄱阳湖区最为重要的冬候鸟栖息地之一。

泾口乡是江西省南昌县下辖的一个乡，位于南昌县东部偏北，面积121.3平方公里，人口近7万人，是明万历二十九年(1601年)进士、兵部尚书熊明遇，和礼部尚书熊伯团、状元舒芬等历史名人的故乡。泾口乡距南昌市中心22公里，北邻金溪湖、东衔青岚湖，外河湖泊金溪湖、青岚湖，内陆湖泊大沙湖，农田积水后形成的湖区东岗湖、东下湖、小沙湖等10余个湖泊，湖面面积达5万余亩。泾口乡还是南昌东郊第一农业大乡，也是全省第二产粮大乡。

开阔肥沃的赣抚平原，养育着勤劳善良的泾口人，也养育着数以万计的候鸟。每年的10月份，冬候鸟来了，东方白鹳、白鹤、小天鹅、灰鹤、绿头鸭、斑嘴鸭等，一批接一批，历经千山万水，来到了肥美的泾口原野，它们将在这里度过严冬，度过寒冷的初春。

2019年8月，热日炎炎，阳光落在地上，似乎随时可以如干柴般冒火。树叶被晒得打蔫，卷起来，软塌塌。泾口乡的街道上没有什么行人，街边的小店半掩着房门，店主靠在柜台上瞌睡。这是一个人口大乡，街道两边是密匝匝的楼房。我们穿过逼仄的巷子，沿着湖堤，拐过一个居民区，才找到一个老院子。这里是泾口乡林业工作者的办公场所。

这是一栋建于20世纪八九十年代的三层楼房，因年久没有维护翻修外墙，显得有些破旧，墙体有些剥落，露出斑斑的已变成灰黑色的墙质。院子整洁，两棵阔叶树把树荫投下来，略显阴凉。

我走进办公室，一下子被墙上的宣传栏震惊了。办公室

鄱阳湖鸟瞰
宋小勇 摄

鸟恋

并不宽敞，摆了三张办公桌，一个资料柜，空间有些拥挤。办公室却少有的干净明亮，与办公楼外墙面貌，形成强烈的反差。宣传栏有4块，彩色喷绘，内容十分丰富，有法律法规知识、候鸟知识、违法案例、乡情知识等，主题为"关注候鸟保护，守护绿色家园"。因中午没有休息，我有些倦怠，当我浏览了宣传栏，精神立刻抖擞起来，像打了鸡血一样。多年的职业习惯，让我敏感：站长陈木印是一个有料的人，是一个有故事的人。我一下子亢奋了。

陈木印清瘦，鬓发略有花白。他在林业站已工作30余年。1991年，泾口乡成立林业站时，他再也没有离开过这个岗位。在基层乡镇的站、所单位，我很少见到在自己办公室设宣传栏展示的。陈木印说："我们是乡下，来办公室的人比较多，有办事的，有问事的，多一个人了解候鸟知识、法律知识，就多一个人爱鸟护鸟，120万平方公里的候鸟保护面积，需要群众的积极支持，我们才能把工作做好，做到没有死角，光我们林业站几个人和护鸟员，不可能覆盖到每一块稻田、每一片湿地，群众积极参与了，我们的覆盖能力强大了，我们可以及时掌握可疑人。"

陈木印说了一件事。

2017年11月16日下午，一只因体力不支难以飞行的天鹅，落在泾口乡东岗村上凤岸自然村后面池塘边。村民樊芳保得知后，立即将天鹅捕捉收容，随即将天鹅送到泾口乡林业站。陈木印察看了天鹅的状况，立即与江西省鄱阳湖管理局取得联系，及时将天鹅送到野生动物救护中心疗养。17日上午，泾口乡给予保护天鹅有功人员樊芳保奖励200元，并在全乡通报表扬樊芳保。

"保护天鹅有奖励，伤害天鹅会受到法律严惩。樊芳保保护天鹅的事例，在泾口乡，反响很大。假如没有樊芳保的积极支持，这只天鹅很可能饿死，或者被其他动物吃了。"

这个事还有一个插曲。上凤岸自然村离林业站有20华里，樊芳保把天鹅放在大笼子里，送到林业站来。有人逗他：

"芳保啊，天鹅可以吃，你怎么不吃，还送到林业站去呢？"樊芳保说："天鹅是国家保护动物，想吃也不能吃啊，吃了就犯法，谁敢为了一下子的口福，触犯法律啊。"

生态保护是全民共识，越来越引人关注。2018年，特大非法捕鸟事件，在天津发生，引起强烈关注，天津市林业局被国家林业和草原局约谈。据天津市林业局局长张宗启介绍，2018年9月25日，通过志愿者举报，在东丽区查处2处鸟类非法育肥窝点，现场公安机关共清点鸟笼3199个，朱雀、黄胸鹀、黄眉鹀、栗鹀四种国家三有鸟类14482只，依据国家林业局第46号令《野生动物及其制品价值评估方法》计算，鹀雀类每只300元，案值达434万元，已构成刑事案件。

天津非法捕鸟事件，震动了全国每一个野生保护工作站。候鸟保护，在江西既是热点，也是焦点。泾口乡作为鄱阳湖区冬候鸟重要保护区，从没发生过恶性捕鸟事件，得益于泾口乡历任党政主要领导的大力支持，和陈木印脚踏实地的工作。

"为了鸟儿自由飞翔，这就是我今生的工作追求，也是我工作的目标任务"。这是陈木印常说的一句话。为了这句话，他全力以赴。他的工作不仅得到了当地百姓的支持，还得到了上级政府部门的认可，泾口乡连续六年被评为全省湿地和候鸟保护先进单位。

陈木印倍感压力，也倍感欣慰。为了保护好这些越冬候鸟，陈木印倾心倾力努力工作，广大老百姓称他为"候鸟的保护神"。

为了使越冬候鸟保护工作顺利进行，历任乡党委政府的主要领导，十分重视，从经费投入到护鸟员的甄选，支持得让陈木印"无话可说"。乡政府成立了越冬候鸟和湿地保护工作领导小组，乡长亲自挂帅主抓，利用各种会议反复强调候鸟和湿地保护工作，各村也积极地参与到保护中来。乡政府每年投入十几万元，聘请专职候鸟保护员、印发宣传资料、开展群众宣传活动。陈站长经常奔波在湖区和村庄地头，向群众宣传保护政策、法律法规和保护候鸟、保护湿地的重要性，解释只有人鸟和谐共处，才能维护生态平衡，保护人类赖以生存的生态环境。在他的主导下，泾口乡每年都要开展越冬候鸟和湿地保护工作进校园、进村庄、进集市等一系列宣传活动。他走到哪里，宣传手册、宣传画册和"致泾口乡人们的公开信"就发到哪里。在泾口乡到处可见张贴的越冬候鸟保护通告，群众也十分清楚越冬候鸟受法律保护。群众被他的行为所感动，被他的执著所感化，许多群众也自觉地参与到保护中来，发现什么异常情况也会主动与他联系或向村委会报告。

学校是一个重要宣传阵地，因为孩子的科学观自然观，会影响其一生。每年的暑假，林业站印几万份作业本，免费发给学生。作业本是"特殊"设计的：封面有一张候鸟飞翔在湿地的照片，写有"保护候鸟，人人有责"；封二、封三是

各 24 张候鸟知识图，每张图下，标有鸟的知识介绍。9 月，学校开学了，他进各个学校开候鸟知识讲座。让每一个学生爱鸟、保护鸟，意味着学生的家长也会去爱鸟、保护鸟。陈木印懂得这个道理。

给学生讲座，他坚持了 10 余年。每一个学校，哪怕是偏远的小学，他也去宣讲。

泾口乡候鸟栖息地点多面广，陈站长时刻牵挂着候鸟安全。日夜坚守岗位，节假日照常工作，湖区有没有病鸟、伤鸟，有无异常情况，有无可疑人员进出，他做到心中有数。他经常是清晨天刚亮，就带上几个馒头，一瓶水，骑着一辆摩托车奔波在全乡各湖区。有时到路途比较远的湖区，为了掌握更多情况，免得来回奔跑，他索性同护鸟员吃住在湖区，晚上再到湖区巡查。如遇极端恶劣天气，出现雨雪冰冻，他总是连续几天甚至 10 多天忙碌在湖区，为越冬候鸟进行人工投食，他的这一举动通过网络传递，中央电视台发现后，于 2016 年 1 月 22 日，

白鹤
叶学龄
摄

还专门到泾口乡对他进行了采访,并在央视《新闻直播间》栏目中播出。

每年的春节期间,外出务工人员都要回家过年,农村人员急剧增多,给候鸟保护工作也带来了不少难题。大年三十至正月初六是国家法定节假日,本来可以回家与家人过团圆年,但他没有这样做,心中总是牵挂着候鸟保护。他带着被子和方便面,到泾口乡主候鸟区金溪湖畔圩堤上一栋废弃的房子里安营扎寨、守护候鸟。对他的这一行为,不但别人不理解,家人也反对,他妻子说:"人家高高兴兴过团圆年,你却躲在外面不回家,是家重要还是鸟重要?"他安慰妻子,说:"等4月份,候鸟离开泾口了,我天天给你洗衣服。"他妻子理解他的难处,也理解他工作的劲头。用陈木印的话说:"老婆支持我,我才能坚持年复一年干下去,我才安心干下去,老婆不支持我,我跑断了腿也得得到她理解,所以,我谢谢老婆对我工作的支持。"

2015年因受连续阴雨天气影响,晚稻有少数缺劳动力户无法抢割抢收,大沙湖傍的大沙曹村曹玉德大爷,一块1.2亩的晚稻到11月中旬都无法收割上来,稻谷被候鸟洗劫一空,留下稻秆随风摇摆,陈木印同志到大沙湖巡湖时,曹大爷找到陈木印,问他这种情况能否进行赔偿。针对这种现象,政府没有出台具体赔偿政策,怎么赔?按何标准赔?都无法操作,他对曹大爷说:"赔多少钱给您?"曹大爷告诉他:"我每年都要收1000多斤谷子,要卖1200多元钱,我看见鸟儿吃我家稻谷,都没赶它走,鸟也是饿了。"他对曹大爷说:"我身上没带这么多钱,明天一定给您送过来。"他被曹大爷的爱鸟行为所感动,第二天他便自掏腰包给老人送去了1280元钱,作为赔偿,并对老人的爱鸟行为进行了表扬。

2012年11月12日下午4时,泾口乡小莲村村民陶江荣,在东下湖积水的农田,将一只因病无力飞行的天鹅捉回家。接到群众反映后,陈木印一方面向乡派出所、县森林公安局报告,一方面通知村委会,自己也迅速赶往陶江荣家中,要求陶江荣交出捉回家的天鹅,但陶江荣拒不承认捉了天鹅回家。经过严厉教育后,陶江荣终于从稻草堆中拿出了猎杀的天鹅,县森林公安局连夜把陶江荣带回突审,依照法律程序,陶江荣被判处有期徒刑一年,并处以5000元罚金。

这一案例在泾口乡产生了较大的反响,教育意义深远,给不法分子予以巨大威慑。

每逢泾口街赶集日,只要他能挤出时间,总要到市场去看看,有没有贩卖野生动物的,餐馆的冰箱、冰柜、餐桌有没有藏匿、食用野生动物的行为,使商贩赶集不敢卖,餐馆不敢食,杜绝了野生动物在泾口乡交易的市场。他还在各主要交通路口,临时设卡,检查来往可疑车辆和可疑人员。

泾口离南昌太近了。候鸟越冬季节,每逢双休日、节假日,南昌市会有闲杂人员,带弹弓或气枪,来泾口"晃悠",寻找机会捕鸟。陈木印发动群众举报,设卡检查。泾口乡与进贤县交界,又是湖滨地区,其他县市贩鸟的不法分子,收了鸟,骑摩托车,送到南昌市卖。通过设卡检查,贩鸟的不法分子只要途径泾口,无不落网。

义务护鸟人涂元水,是个护林员,六十多岁。他爱鸟。他看护的林地,也是鸟筑巢的主要场所之一。他不会让这片林子里的鸟受到任何伤害。2006年,一天傍晚,他看见几个外地人在林子"唤鸟"(注:唤鸟,是一种捕鸟方式,笼子里关一只公鸟,发出叫声,引来母鸟)。他当即制止,并报告林业站。捕鸟人灰溜溜走了。涂元水发现有人买药,想毒鸟,他立即上门警告。2013年,他看护的林子里,来了一只受伤的东方白鹳,飞不起来。他抱起鸟,送到林业站。陈木印说:"这么多鸟来到泾口乡,是我们泾口人的缘分,我们不爱护鸟,鸟便不会来了。"他说:"陈站长是泾口护鸟人的领头人,他干得那么努力,我们也要尽心尽力。"如涂元水这样的护鸟人,泾口还有好几个。他们都是义务的。他们把受伤的鸟送到保护站,或通知保护站去收容鸟。陈木印在乡林业站工作以

反嘴鹬
杨帆 摄

来，经他送交省市野保救护机构救治的候鸟，难计其数，自2013年以来，国家一、二级重点保护动物如东方白鹳、天鹅等，有18只，其他保护等级的候鸟就更多了。

为了增强民众爱鸟护鸟意识，让社会各界人士自觉地参与到爱鸟中来，2015年，陈木印千方百计筹措资金10余万元，以乡林业站为基础，创办了一个面积达50平方米的越冬候鸟保护（教育）展厅，用大量的图片、文字等形式介绍泾口乡境内越冬的20余种候鸟，对它们的体型外貌、生活习性、受保护等级分别进行介绍说明。用全乡各湖区拍摄到的大量候鸟图片展示该乡境内的越冬候鸟，使参观者对候鸟有所辨识，有所了解，体验感知泾口乡千姿百态的候鸟，从中既增添美的享受，又得到启发和教育，增强人们自觉保护候鸟意识。

每次展览，参观的人都很"拥挤"。乡亲们爱鸟。许多参观者感言道："不看不知道，看后才知晓，许多鸟都是国家重点保护动物，鸟还与人类生活息息相关，保护候鸟也是保护生态平衡。"自越冬候鸟保护展厅开办以来，共接待参观者5200余人，成为全省乡镇候鸟保护工作的一个亮点。

陈木印请求南昌县人民检察院支持，联合开办"加强生态监察，服务绿色崛起"的主题展览，在泾口乡设立"生态保护检查站"。"法官宣讲保护候鸟，对乡亲影响很大，对不法分子的威慑力也很大。既传播了知识，又有普法的效率，效果好"。陈木印说。

陈木印是一个很有工作思路的人，也是一个很有情怀的人。他坚持写工作日志，一年写一本，已有厚厚的20余本。他注重资料整理、收集、归档。他对工作的热情，都倾注在这里。

# 湿地之心

罗张琴

（一）

　　我曾被一段视频深深吸引：清晨的雾，似乎被最好的牛奶浸润；一阵风蹑足而行，湖面微泛涟漪，投影人心，平添一种古代仕女着绸缎般的温软。再一会，天真烂漫的阳光仙子，手挽着手、肩挨着肩来到静谧的林子，她们摇曳身姿，斜照水面梳洗。白蒙蒙的幔帐徐徐拉开，一个叫邹进莲的女孩与一只丹顶鹤并立室外洗漱台，女孩拧开水龙头刷牙洗脸，鹤用嘴拨开水龙头后洗脸和羽毛；女孩清洗衣服，鹤在一旁打下手，把衣服叼来啄去，乐此不疲；女孩在室内搞卫生，鹤不敢发出一丝响动，歪着脖子只盯着黑漆漆的电视屏幕发呆，待女孩躺在竹椅上休息，鹤颠着长脚朝竹椅一路欢跑并用翅膀轻轻拍打女孩的手脚，"按摩师"做得，有模有样；几轮按摩后，鹤将头抵在女孩肩头，脸上堆满邀宠请功的小孩神情，女孩会意，翻身而起，吹着口哨领着鹤满园兜风、玩耍……

　　我无数次起心去鄱阳湖那个叫白沙洲的岛上想好好采访下那个鹤姑娘，却总是会有各种各样的缘由令我辗转迂回不得去、不得见。

　　所谓念念不忘，必有回响，我没想到我居然能在艾溪湖湿地公园的一次游玩中得偿所愿。

（二）

　　"四面碧树三面水，一城香樟半城湖"说的是中国水都南昌的景致。

　　水都之东，有溪流穿稻田而过；经年累月，数顷之地渐变汪洋，世人称之艾溪湖，是南昌唯一的城市天然湿地。在这儿，风华正茂的树与一碧无尘的水是密友，它们交谈甚欢的样子连最冷静的风都忍不住吃醋。看吧，那一片片摇落下地的叶子，全是"醋坛子"的小心眼儿在跳动。

　　已是秋天，艾溪湖湿地依然青草葱茏，绿意盎然，深吸几口清甜空气，能明显感觉到一颗俗心正在走向辽远空旷。

白琵鹭
廖国良
摄

红腹锦鸡
周海燕
摄

名都市白领,做财务管理和工程审计。

与其说每天打交道的数字、报表使邹进莲心生厌倦,不如说是灯红酒绿的喧嚣、觥筹交错的应酬让邹进莲心有惶惶。古人常说"生于忧患,死于安乐",在邹进莲心里,安乐是一株妖艳的罂粟,罂粟使人沉沦虚无缥缈的物质世界里获得不可靠的短暂快乐,之后,萎靡不振,斗志全无,她害怕自己成为难经风霜的温室花朵。

不闯荡,你要青春干什么?离开!是那段日子,邹进莲心底发出的最强音。可往哪去、干什么?她却一点儿也不清楚。苦闷的邹进莲,凌晨三点,依然没有睡意,她漫无目的,在网上闲逛。一段视频像一束光冲破暗夜照亮了她的心灵。那是一段有鹤相伴过神仙般日子的视频。

鹤鸣九天,我心飞翔,做自然的赤子!邹进莲很快辞掉工作,首次踏上了南下的火车,拜师学养鸟之艺。

深山老林,简易工棚,荒无人烟,缺水少电,学养鸟的邹进莲仿佛从世界的一极直接蹦到了另一极,极端的反差让有落单的天鹅低着头，用长长的喙专心致志只顾扯巴脚下的食物；而一只鹤，孤傲地眺望苍穹，俨然信仰长空的圣徒；只有那一群接一群的灰雁们，仗着鸟多势众，无所顾忌地冲湖边行人嚷嚷，表达想表达的，开心所开心的。

"啊——啊——"天空传来一阵鸣叫，一群飞鸟在湿地上空盘旋、流连、久久不散。"天啦！是灰鹤、千岁鹤。"人群传来一声浑厚"女中音"的惊叹。这声惊叹无疑是正确打开游人欢呼雀跃的钥匙，正在湖边给锦鲤喂食的那帮可爱的小孩子脸蛋儿兴奋到通红，约好似的，齐刷刷将头抬起，踩着无师自通的节奏使劲鼓掌，喊着整齐划一的"千岁鹤、千岁鹤"。

"小廖，候鸟通道发现千岁鹤，应该是想在咱们雁岛'打尖'，你迅速隐蔽，别打扰它们。""老高，船往东靠边，暂停巡逻。""小美，架设备，做好记录。"……"女中音"手持对讲机，在人群中穿梭。黑衣、黑裤、黑鞋、黑发、黑框眼镜的素颜姑娘，此时，倒比穿红着绿的任何一位女性都要醒目。

呀，这不是我心心念念的鹤姑娘邹进莲吗？我一路小跑，追了上去。

## （三）

爱生活就是不断地折腾自己。话题从邹进莲的"折腾"生涯开始进入。

都说，穷人的孩子早当家，出生于湖北荆州一个贫困家庭的邹进莲从小到大，独立且倔强。大学四年，她没向家里要过一分钱，从摆地摊卖袜子算起，铁通卡代销员、麻辣烫老板、书店店长、校内公司设计员、竹制品武汉区总代理等，她先后尝试过二十多种行当，同学们都兴叫她"邹董"。最多的时候，在她手下勤工俭学的学生业务员高达500人。

毕业前夕，当许多同学还在为找工作奔波、发愁时，邹进莲早早便接到武汉一家国企抛过来的"橄榄枝"，成了一她措手不及。特别崩溃的时候，她发了疯一般狂撕台历，似乎只要把一页页台历撕掉，那难捱的、孤苦的、原始人一般的日子便轻松迈过去了似的。

一个人的雨夜，20出头的邹进莲在黑屋子里不停抹眼泪，宽解自己："我不过是想换一种生活方式试试、重走青春而已。为什么没有人理解我？为什么没有人支持我？"也许世俗从来都是这样，总把一些美好的"折腾"看作妖孽化的异类，然后想着举起大棒一棍子打死。那些质疑批判邹进莲的人一直选择停留在她惊世骇俗行为所带来的恼怒、震怒中，一拨接一拨地将诸如"奇葩、作死、神经病、不务正业"等流言蜚语一股脑砸向她，全体站在不痛不痒的远方等着看她的笑话。

四面楚歌中，邹进莲的倔脾气上来了："撞南墙又怎样？折腾就折腾！像阿甘一样勇往向前，撞个大洞钻出来，走一条别人未走的路。"

## （四）

在学艺的那段日子，风雨雷电、鸟虫鱼兽、花草树木是邹进莲最忠实的伙伴，也是邹进莲最特别的老师。它们的存在赋予荒野奇妙的动感和蓬勃的哲思，让邹进莲的内心世界越来越丰盈、强大。

观察一块有软体结晶的石头，她能体会到每一种东西似乎都会有柔软和坚硬两种存在；欣赏风雨之后彩虹，她仿佛触摸到向死而生的无声呐喊；注目一棵树，她会意识到人其实可以像树一样为发光发热的理想将自己燃烧至灰烬……流淌、凝固、粗粝、细腻、孤独、喧嚣，大自然的一切存在都在相辅相成；囚困、挣脱、绚烂、朴素、冷酷、温情，大自然的一切存在如此恰到好处。她突然就获得了往后余生的珍贵信心：自助也，天助也。亲近自然、敬畏生命的人总有一天会被老天厚待，踏出一条金光大道来。

定下心神的邹进莲陆续学会了候鸟饲养、驯化、繁育、疫病防治等许多技能,2010年12月,鄱阳湖国家湿地公园告急:园内白天鹅大面积染病,邹进莲临危受命赶往江西。1个月后,病危的40多只白天鹅全部康复,邹进莲被留在了鄱阳湖白沙洲岛工作,一待就是4年。

邹进莲几乎和环绕在她身边的每一只候鸟都有故事,都有情谊:一个深夜,一只小白鹤被工地上的渔网缠住,舌头咬掉半截,被发现时已是奄奄一息。邹进莲轻轻地把它解下来,抱回宿舍,细心清洗、消毒、包扎,然后抱在怀里喂食。经过半个月的调养,小白鹤又活蹦乱跳了,从此离不开邹进莲;一个下午,当地百姓送来一对受伤的东方白鹳幼鸟。经过1个月的精心治疗,两只幼鸟终于康复,恢复了飞行能力。本该放归自然,可东方白鹳却不肯离开,最后留在了救助中心;一个清晨,邹进莲把一群鹤带出鹤园自由活动,4只丹顶鹤走上车道,眼看就要被突然驶来的汽车撞伤,她赶紧迎上去带离,丹顶鹤安然无恙,她的脚却严重扭伤,1个月后才恢复。

## (五)

全世界主要的候鸟迁徙路线一共有8条,其中有3条经过中国。而地处华中的南昌,因与最大淡水湖鄱阳湖相近成为许多候鸟在西伯利亚、澳大利亚往返时的必经之地。

城市发展,寸土寸金。在大开发大建设的热潮中,许多城市的草木绿地被越来越多的钢筋水泥丛林所侵吞,而南昌却放弃艾溪湖周边多个数十亿元的地产及工业投资项目,围绕4.5平方公里湖泊,投资数十亿元,还原自然生态,坚持原土护坡,缓处草坡入水,陡处生态绿格网保护,建了一座2600多亩的纯公益性的艾溪湖湿地公园,并精心打造的一条跨越市区的空中"鸟道"。

2014年,邹进莲被这条雄奇而浩瀚、诗意又浪漫的空中"鸟道"深深打动,接受高新区邀请,担任艾溪湖湿地公

归
廖国良
摄

园候鸟保护中心主任,成了名副其实的都市"鹤司令"。

"我心中还有一个梦想,希望在城市的天空,同样看到珍稀鸟类与人类和谐共存的画面。"初来乍到的邹进莲绕着艾溪湖湿地走了一圈,发现植物多,动物少,太过阒静了。在她的经验认知里,鸟的智商和情商不容小觑,哪里生态好就往哪里去,艾溪湖湿地生态那么好,只要筑好"巢",就一定可以引得无数凤凰竞折腰。经过近1个月的深思熟虑,邹进莲提出创建艾溪湖湿地候鸟乐园的设想,先引进一批,待这一批扎了根,便能在鸟的世界里"口耳传播、呼朋引伴"。

从选址、规划、设计到施工、驯养、招聘,邹进莲团队用很短的几个月时间开创了行业内项目运作的奇迹。2015年6月1日,候鸟乐园揭开面纱,灰鹤、蓑羽鹤、疣鼻天鹅、小天鹅、黑天鹅、鸿雁、灰雁、白鹭……成百上千只美丽的候鸟,或游弋湖面,或浅立沙洲,或栖息树林,或飞行天空。那一天,来艾溪湖湿地游玩的孩子度过了他们人生中不同以往的儿童节,他们收获了许多珍稀候鸟一起送来的别致"礼物":"落霞与孤鹜齐飞,秋水共长天一色",南昌享誉千载的瑰丽景色,那一刻,重新鲜活在孩子们灵动的眼睛里。

所有人的心都被这份鲜活与灵动沁到湿漉。

# (六)

越来越多中小学校、幼儿园带着宝贝们来湿地开展科普活动,每次来,他们都想让邹进莲给孩子们讲一堂鸟类知识讲座,可邹进莲从来都不答应,在她看来,再全面再细致的专业知识讲座都是冰冷的、没有温度的,留最多的时间让孩子们近距离接触候鸟,与候鸟一起玩、一起互动、一起成长,才是最有效、最走心的科普教育。从来,亲近才会喜欢,喜欢才会主动保护,再舍不得伤害。

"人类的足迹愈发广阔,城市的边界就逐渐扩大,而地球上多元的候鸟依然定时守信地延续着从冰川期开始的体内基因的召唤,感受着地球的每一次脉动和季节里最微秒的变化,振翅而飞,迎风而起,南来北往,飞越过波澜壮阔的高山大海,飞越过水泥钢筋的城市森林,周而复始地完成着这一次次关于生命的庄严承诺……"不喜欢做讲座的邹进莲却特别喜欢讲故事,她一有空,总和来湿地的游人分享候鸟的故事,"一只叫'灰灰'的灰雁很通人性,很讲感情。有一次,它的饲养员老何请假三天回家小事,老何前脚刚走,'灰灰'就'失踪'了,到处找也找不到。第四天,老何刚回来上班,'灰灰'立即出现,飞到老何跟前,不停叫唤,其意绵绵,让人想起小王子和小王子的那朵玫瑰来,原来,'灰灰'是担心老何,飞进茫茫人海找老何去了;一只叫'小黑'的天鹅,优雅、高贵地很,因我不是它的'保姆'(饲养员),它根本就'不屑'与我亲近。一天,它没头没脑绕着我打圈圈,边转圈边哀哀地叫,虹膜上似乎堆满了水汽。我心里一沉,天鹅夫妻情比金坚,肯定是它的另一半有危险它才抹下面子来向我求助。我让人迅速去岛上找,果真是它的另一半在觅食时被噎坏了。"

这些年,来艾溪湖的候鸟越来越多,独立湖畔的邹进莲觉得自己拥有了一个无比庞大又富有生机的王国。根据"小伙伴们"的性格特点,她一有机会就给它们"册封":喜欢臭美的灰鹤,赐号"美滋滋";爱歪嘴的鸿雁,赐号"爽歪歪";没心没肺的黑天鹅,赐号"喜洋洋"……

## (七)

"小吃货,别吃了,赶紧练飞去!"领我去看天鹅繁育的路上,邹进莲像幼儿园园长一样对一群刚出生一个多月的小天鹅喊话。她告诉我湿地已有数十种2000多只候鸟,有些候鸟已经繁殖到第六代了,她说她最喜欢探究那些候鸟的生活习惯和性格特点,观察它们细小的决定和捉摸不定的天真。

其实,对于一个30出头的管理者而言,细微观察探究的背后除对候鸟真挚的爱外,体现更多的是一种责任心和领

喂食
周海燕 摄

湿地之心

导力。因为,只有走进候鸟的世界,精通它们的"道",才能真正懂得它们,才能更好更高效地做好"保姆"与"保镖",让它们甘心情愿留下来……我有意放慢我的脚步,我注意到邹进莲始终微弯着腰行走,她不停与每一只候鸟宝贝打招呼,举手投足全是宠溺之情。

"保护与开发不是针锋相对的两头,而是八卦阵中的两极。我想把艾溪湖湿地候鸟乐园打造成集科普教育、生态旅游、摄影写生、休闲养生等为一体的候鸟生态旅游文化景区,成为'人的乐园,鸟的家园'。我坚信候鸟保护,可以带动候鸟旅游、候鸟文创、候鸟养殖加工发展;我期待泛滥成灾的水葫芦能变成'宝葫芦'。当生态效益转为经济效益,不仅能维持湿地正常运转,还能反哺候鸟的驯养、繁育、保护和科研,在都市给予候鸟最安全、最适宜的栖息地,实现人鸟自然亲密无间,想想就激动。"邹进莲说,"保护候鸟不该是少数人的行为,也不该是隐居江湖人的专利,我要做的就是通过自己的努力让更多人接受候鸟,喜欢候鸟,把自觉保护变成一种习惯,一种常态。让城市拥抱自然,让市民生活的更有幸福感,享受与动物的和谐之乐!"

凤凰涅槃,浴火重生,光明只在人心上,那一刻,我没有出声,我用我的沉默衬托邹进莲话语力量的强大;山川之外,闹市之间,万物共生共存,那一刻,我用我的目光声援邹进莲想要抵达的未来。

叶学龄 摄

湿地之心

## 白鹤

国家 I 级保护野生动物。

体长 130～140 厘米

通体白色，前额、嘴基和眼周裸皮为鲜红色，嘴和脚暗红色；飞翔时，翅尖黑色，其余羽毛白色。约 98% 的白鹤在江西的鄱阳湖区域越冬，被江西省评选为"省鸟"。

## 白颈长尾雉

中国特有种，国家 I 级保护野生动物。

体长 45～80 厘米

雄鸟头顶及枕部灰色，喉、颏黑色，脸颊裸皮红色，后颈侧灰白色。上背及胸栗色，下背和腰黑色具白斑，尾灰色具栗红色宽横带。雌鸟体型较雄鸟小，尾较短，羽色暗淡。杂食性，喜群居。国内分布较广，在江西全省均有分布，属于留鸟，遇见率较低。

## 白鹭

体长 49～67 厘米

全身白色。夏季枕上有两条长的饰羽，前颈下部有毛状饰羽，背具蓑羽。冬季无条状饰羽和蓑羽。栖息于溪流、池塘、湖泊、水库、稻田等沼泽地带。集群活动，主要以鱼类、水生昆虫和软体动物为食，也吃少量谷物等植物性食物。南方地区多有分布，在江西省主要为夏候鸟，小部分为留鸟，全省都有分布，较为常见。

## 白鹇

国家 II 级保护野生动物。

体长 75～110 厘米

雄鸟非常漂亮，头顶黑色具有羽冠，背部、肩和翼白色，尾羽长而白，外侧位于具黑色条纹，下体黑色。雌鸟头顶至羽冠黑褐色，背部褐色，胸以下沾灰色。杂食性，成对或集小群活动。国内分布与西南、华南及东南地区和海南省。在江西全省具有分布，容易看见。

## 东方白鹳

国家 I 级保护野生动物。

体长 110～128 厘米

站立时尾部黑色，其余白色。飞行时，黑色的飞羽和白色的身体成鲜明的对比，野外容易识别。冬季主要栖息在开阔的大型湖泊和沼泽地带。除繁殖期承兑活动外，其他季节常成群活动。国内繁殖于东北东南部，越冬于长江以南各省。在江西省主要为冬候鸟，分布在鄱阳湖区域，容易看见。

## 黄腹角雉

中国特有种，国家一级保护野生动物。

体长 62～70 厘米

雄鸟头顶黑色，具黑色与栗红色的羽冠，背部栗褐色，布满带黑边的皮黄色卵圆形斑。脸部裸皮橙黄色，喉下肉角蓝色，胸和腹部淡黄色。雌鸟羽色棕褐色，尾羽黄黑相间，末端白色。杂食性，常集小群活动。在江西省属留鸟，主要分布于赣东北、赣西和赣南地区，遇见率低。

## 红嘴蓝鹊

体长 54～65 厘米

头顶至后颈有蓝白色块斑。上体蓝灰色，下体胸以下白色。尾长呈凸状，具黑色亚端斑和白色端斑。杂食性，常集小群。国内分布较广，在江西省属于留鸟，全省具有分布，较为常见。

## 蓝冠噪鹛

体长 23～24 厘米

头顶至后枕蓝色，前额、眼先、头侧和颈黑色，额和头顶前部蓝白色。背及翅覆羽棕褐色，外侧飞羽及外侧尾羽蓝灰色，腰及尾羽褐色，除中央尾羽外均具有白色端斑。喉亮橙黄色，胸、腹黄褐色，尾下白色。多以昆虫为食，也吃少量植物果实，常集小群活动。国内只分布于江西婺源，属留鸟。

## 鸳鸯

国家二级保护野生动物。

体长 39～45 厘米

雄鸟有醒目的白色眉纹，艳丽的冠羽及颈侧长条形栗色饰羽和翅上一堆栗黄色扇状直立羽。雌鸟头和后颈灰褐色，无冠羽，自后枕有一条白纹向前延伸与白色眼圈相连，背部灰褐色。主要以植物性食物为食，也吃动物性食物。营巢于树上洞穴，除繁殖期外常集群活动。

## 中华秋沙鸭

国家一级保护野生动物

体长 51～64 厘米

嘴暗红色，细长而尖，鼻孔尾羽嘴峰中部。雄鸟头和上颈黑色具绿色金属光泽，冠羽黑而长。上背黑色，下背至尾上覆羽灰色。翼镜及胸至尾下覆羽白色。两胁及尾上覆羽有显著的鳞状斑。雌鸟头和上颈棕褐色，羽冠较短。背部灰蓝色，其余似雄鸟。主要食鱼类，成家族群或成小群活动。在江西省属冬候鸟，分布广，遇见率较低。

## 红脚鹬

体长 26～29 厘米

夏季上体锈褐色具黑褐色斑纹，下体白色，颊至胸具黑褐色纵纹，胁部具黑褐色横斑。冬季与鹤鹬冬羽相似，但嘴上下几部均为红色，背部颜色较深，飞行时翼带白色明显。主要以各种小型陆栖和水生无脊椎动物为食，常单独或集小群活动。在江西省属冬候鸟，主要分布于鄱阳湖北部，少见。

## 小天鹅

国家 II 级保护野生动物。

大型水禽，体长 110～135 厘米

全身洁白，嘴端黑色，嘴基黄色，外形和大天鹅非常相似，但体型明显较大天鹅小，颈和嘴亦较大天鹅短，嘴上黑斑大，黄斑小，黄斑仅限于嘴基两侧，沿嘴缘不前伸于鼻孔之下。主要以水生植物为食，也吃少量小型水生动物。除繁殖期外多成小群或家族群活动，有时易见几千只的大群。在江西省属冬候鸟，主要分布在鄱阳湖区域，常见。

## 黑尾塍鹬

体长 37～44 厘米

喙长直，喙至头顶的倾斜度小。飞时可见明显的白色翼上横纹和端黑的白尾。夏季头及胸棕红色（雌鸟稍淡），背部具少量不均匀粗著的黑色、红褐色主要以水生和陆生昆虫、甲壳类和软体动物为食。单独或成小群活动，冬季亦集成大群。在江西省属冬候鸟、部分为旅鸟，鄱阳湖区域较常见。

## 赤麻鸭

体长 53～68 厘米

雄鸟头顶棕白色，颊、喉、前颈及颈侧淡棕黄色，翅斑白色，翼镜绿色，颈环、飞羽及尾羽黑色，其余体育赤黄褐色。雌鸟似雄鸟，但头顶和投策几乎白色，亦无黑色颈环。主要以植物性食物为食，也吃动物性食物。在江西省属冬候鸟，主要分布于鄱阳湖区域，易见。

## 红嘴鸥

体长 35～43 厘米

飞行时，翼上前方有颇长白色楔形斑。夏季具巧克力褐色头罩，狭窄的新月形白色眼斑。上背和翼灰色，飞羽末端黑色，胸部淡灰色，其余体羽为白色。冬季似夏羽，但头白，眼后有一暗色斑。主要以动物为食。成小群活动，冬季亦成数百只的大群活动。在江西省属冬候鸟，全省均有分布，常见。

## 红腹锦鸡

中国特有种，国家二级保护野生动物。

体长 61 ~ 110 厘米

雄鸟头顶有金黄色丝状羽冠，后颈有一橙色扇状披肩，羽缘蓝黑色。上背浓绿色，腰及尾上覆羽金黄色，尾羽黑褐色，布满土黄色斑点，下体深红色。雌鸟体色为褐色，密布黑斑，胸以下棕黄色。杂食性，除繁殖期成对活动外，其他季节喜成群。在江西资溪马头山有记录，也有可能是人工养殖逃逸个体，偶见。

## 须浮鸥

体长 25 厘米

是一种体型略小的浅色燕鸥。腹部深色（夏季），尾浅开叉。繁殖期：额黑，胸腹灰色。非繁殖期：额白，头顶具细纹，顶后及背黑色，下体白，翼、颈背、背及尾上覆羽灰色。主要以小鱼、虾、水生昆虫等水生脊椎和无脊椎动物为食，有时也吃部分水生植物。须浮鸥常成群活动。

## 凤头䴙䴘

体长 45 ~ 48 厘米

是䴙䴘目中体型最大的。嘴长而尖，颈细而长，眼至嘴角有一黑线。夏羽：前额至头顶黑色，冠羽黑色显著，眼周、腮部白色，颊后部具棕栗色鬃毛状饰羽，并延伸至后颈部，后颈至背黑褐色，前颈、胸和其余下体白色。冬羽似夏羽，但没有棕栗色的饰羽。主要以鱼类和水生无脊椎动物为食，偶尔也吃少量水生植物。常成对或绩效群于开阔水域活动。在江西省属冬候鸟，全省具有分布。

## 蓝矶鸫

体长 20 ~ 30 厘米

雄鸟通体灰蓝色，两翅和尾黑褐色。雌鸟上体暗灰蓝色，背及翅具黑褐色宽阔次端斑和窄细灰白色羽缘。喉中央淡黄色，其余下体淡褐色均具黑褐色鳞斑。主要以昆虫为食，偶尔也吃少量植物果实与种子。单独或成对活动。在江西省属留鸟，全省均有分布，易见。

## 灰 鹤

国家二级保护野生动物。

体长 100 ~ 120 厘米

全省大致为灰色，头顶裸露部分红色，眼先、枕、颊、喉、前颈和后颈灰黑色，耳羽、颈侧灰白色，初级飞羽和次级飞羽黑褐色。杂食性，多成家族群和小群活动，迁徙期间成数十只大群活动，易见。

图书在版编目（CIP）数据

守望 / 江西林业局主编. —北京：中国林业出版社，2019.12
ISBN 978-7-5219-0332-4

Ⅰ.①守… Ⅱ.①江… Ⅲ.①故事—作品集—中国—当代 Ⅳ.① I247.81

中国版本图书馆 CIP 数据核字 (2019) 第 248302 号

# 守望

出 版 人：刘东黎

策　　划：郭英荣　谢　琼　熊璐瑶

策划编辑 / 责任编辑：吴　卉　张　佳　肖基浒

责任校对：孙源璞

书籍设计： 芥子设计 + 黄晓飞

设计协力：张　肖

---

电　　话：（010）83143552

出版发行：中国林业出版社

（100009，北京市西城区刘海胡同 7 号）

E-mail：thewaysedu@163.com

经　　销：新华书店

印　　刷：北京雅昌艺术印刷有限公司

版　　次：2019 年 12 月第 1 版

印　　次：2019 年 12 月第 1 次印刷

开　　本：889mm × 1194mm　1/16

印　　张：15.5

字　　数：190 千字

定　　价：126.00 元

未经许可，不得以任何方式复制或抄袭本书之部分或全部内容。版权所有，侵权必究。